A.L.A.Fée.

Mémoire sur le groupe
des Phyllériées

S

MÉMOIRE

SUR

LE GROUPE DES PHYLLÉRIÉES.

2029

STRASBOURG, DE L'IMPRIMERIE DE F. G. LEVRAULT.

MÉMOIRE

SUR LE

GROUPE DES PHYLLÉRIÉES,

ET NOTAMMENT

SUR LE

GENRE ERINEUM;

PAR

A. L. A. FÉE.

AVEC PLANCHES.

PARIS,

Chez F. G. LEVRAULT, rue de la Harpe, n.º 81;

STRASBOURG,

Même Maison, rue des Juifs, n.º 33.

1834.

MÉMOIRE

Sur le groupe des *Phylleriées* de Fries, et notamment sur le genre *Erineum* des auteurs. [1]

§. I.er

Considérations sur la nature des Phylleriées.

1. Les phylleriées sont des productions æstivales ou automnales, qui se fixent sur les deux lames des feuilles, notamment sur celles des arbres et des arbustes. Elles se présentent à l'œil nu sous la forme de petits coussinets, légèrement proéminens, irrégulièrement arrondis, quelquefois difformes et très-souvent confluens. Vues à la loupe, ce sont de petits amas de granulations ou de filamens roides, droits, couchés, plus ou moins gros, de longueur diverse, obtus, terminés en pointe; ils sont opaques, de couleur de rouille, plus rarement rouges ou jaunes, jamais verdâtres. Leur consistance est peu considérable; en vieillissant ils deviennent fragiles et même friables; leur adhérence avec les supports est variable, mais ordinairement assez faible.

2. Ces productions se fixent dans l'intervalle des nervures de la feuille, qu'elles ne franchissent presque

---

1 Ce travail a été présenté manuscrit à l'Académie des sciences, dans sa séance du 1.er Avril 1833.

jamais; quand il paraît en être autrement, c'est qu'elles s'unissent à des groupes nés dans leur voisinage, et de l'autre côté des nervures. L'accroissement des phyllériées est assez rapide; elles forment des coussinets qui s'étendent de proche en proche, de manière à couvrir quelquefois entièrement les surfaces foliacées, par confluences successives (*Erineum vitis*, Pers.; *E. platanoideum*, Fries). Il est assez rare de voir ces parasites envahir les deux lames à la fois; l'*E. guazumæ*, Fée, en offre cependant un exemple remarquable; il arrive quelquefois aussi que certaines espèces habitent la lame supérieure, mais c'est par exception : les *E. purpurascens* (Gærtn.) et *saccatum* (Fée) sont dans ce cas, mais la plupart des congénères se plaît sur la lame inférieure.

3. Les feuilles chargées d'*erineum* ne perdent rien de leur fraîcheur; elles continuent à jouir de toutes leurs propriétés vitales et ne meurent pas plus tôt que celles qui sont dans l'état normal. C'est sur les arbres et les arbustes qu'il faut les chercher. Persoon en décrit qui naissent sur les herbes, *E. gei* et *hyperici*, et l'on trouve dans des ouvrages publiés récemment un *E. geranii* et un *E. hydropiperinum*, Schw.; un *E. vincetoxici*, Funck; un *E. atriplicinum*, Nestl.; enfin, des *E. poterii*, *menthæ* et *petroselini*, qui figurent dans le *Botanicon gallicum* de Duby; mais ces espèces sont paradoxales ou même appartiennent à des genres et à des groupes différens. C'est ainsi que l'*Erineum atriplicinum*, Nestl., est une mucédinée; l'*E. vincetoxici*, le type du genre *cronartium*, etc. On peut donc, jusqu'à plus ample informé, regarder les phyllériées comme vivant exclusivement sur les feuilles des plantes ligneuses.

4. Tous les climats paraissent convenir aux phyllériées, quel que soit le degré de chaleur et l'état hy-
grométrique de l'air. On les trouve à toutes les hau-
teurs et à toutes les latitudes, sur les arbres des régions
inter-tropicales aussi souvent que sur les arbres des zones
tempérées. Tous les pays de l'Europe australe et bo-
réale; le Brésil, le Pérou, Cayenne, Saint-Domingue,
l'île Bourbon, la Jamaïque, enfin, la Nouvelle-Hollande
et l'Afrique, ont fourni des espèces au genre *erineum*.
Dans l'état actuel de la science près de 100 espèces le
composent; et ces espèces sont presque également
partagées entre l'Europe et le reste du globe : ce rapport
numérique s'explique facilement. Les espèces exotiques
ont toutes été trouvées par hasard dans les herbiers;
les botanistes voyageurs n'ont fait aucune recherche
pour récolter ces productions, dont il semble que le
nombre doive s'accroître considérablement dans les
collections, soit qu'on veuille, avec nous, regarder
ces productions comme étrangères au règne végétal,
soit qu'on veuille les considérer comme des gallinsectes.

5. Toutes les feuilles à lame étalée qui ne sont ni
trop minces ni trop charnues, dont la surface n'est pas
chargée d'un duvet laineux, ni hérissée de poils trop
nombreux ou trop roides, peuvent se couvrir d'*erineum*, quelle que soit la famille à laquelle ces feuilles
appartiennent. Vingt-cinq familles, qui toutes se retrou-
vent parmi les dicotylédones, ont fourni la totalité des
espèces d'*erineum* aujourd'hui connues. Les plantes monocotylédones ont leurs parties trop fortement aqueu-
ses, leur tissu est en outre mince et fragile, et leur durée
en général assez courte. Il paraît aussi que le tannin et

l'acide gallique, principes toujours unis, et qui pourraient
fort bien n'être qu'une simple modification l'un de
l'autre, sont une condition indispensable à l'appari-
tion des *erineum* sur les feuilles vivantes. Or, ces
principes immédiats, qui existent presque toujours
dans les tiges ligneuses et les feuilles des dicotylédones,
sont au contraire très-rares dans le système aérien des
monocotylédones, et cette circonstance explique pourquoi on ne les trouve jamais sur les plantes de cette
grande classe de végétaux.

6. Les feuilles chargées d'*erineum* ne sont pas sensiblement déformées. Quelquefois pourtant les amas de
filamens déterminent une dépression plus ou moins
marquée sur le côté opposé de la feuille. Le mésophylle acquiert plus d'épaisseur dans la partie qui supporte immédiatement l'*erineum;* il se gorge de sucs
aqueux et se creuse; l'épiderme devient calleux et il est
bientôt couvert de rides ou de plis souvent fort apparens.
On doit conclure de ces faits que la puissance vitale a été
modifiée et accrue par une cause accidentelle jusqu'ici
mal appréciée. Nous allons bientôt chercher l'explica-
tion de ces phénomènes, très-visibles dans les *E. juglandinum, melastomatis* et *guazumæ.*

7. Vus au microscope, les granulations et les filamens des phyllériées se présentent à l'œil sous forme
de membranes utriculiformes, tubuleuses, flexueuses
ou diversement contournées; tantôt simulant des ulves
ou des nostocs, tantôt s'étendant sous l'objectif en
longues expansions incolores, vides, ou bien renfermant çà et là quelques molécules arrondies d'une très-
grande ténuité.

Lorsque les filamens sont tubuleux et amincis vers

l'une des extrémités, leur transparence est parfaite et leur analogie de forme avec les poils complète; comme ceux-ci ils sont flexueux et non articulés. Ce sont des tubes continus, dans lesquels on voit de petits corps arrondis que la circulation des fluides a dû y déposer, comme cela a toujours lieu dans les vaisseaux qui servent à les transporter. Ces sortes de filamens adhè-rent par une base à l'épiderme de la feuille, et leur té-nacité est souvent assez considérable. Quand ils sont groupés sur des feuilles velues, les poils de celles-ci n'ont jamais une identité telle qu'on puisse prendre les uns pour les autres.

8. La ténacité des filamens est presque nulle, quand ceux-ci sont membraneux et égaux par les deux bouts; elle est bien moindre encore si les membranes sont utriculiformes. Dans l'un et l'autre cas, celles-ci sont plissées, plus ou moins larges, plus ou moins fragiles et fort minces; comme dans les expansions tubuleuses, on voit dans l'intérieur, des granules assez grosses et tout-à-fait opaques. Les utricules paraissent adhérer à la lame de la feuille à l'aide d'une mucosité peu te-nace; aussi les en détache-t-on facilement. On peut alors s'assurer que l'épiderme n'est point altéré, et que la place occupée par l'*erineum* est indiquée par une simple tache souvent même à peine visible.

9. La durée des phylleriées est aussi longue que celle de la feuille sur laquelle on les trouve fixées, mais c'est toujours à l'état d'inertie et quand l'accroissement est terminé, qu'on les y voit. Elles parcourent rapidement les phases de leur courte existence et ne transmettent que bien peu de temps les fluides nourriciers. Aussi leur étude est-elle difficile et doit-on faiblement s'étonner

du peu de renseignemens précis fournis par les auteurs qui ont cherché à connaître ces singulières productions.

10. Le premier écrivain qui ait fixé son attention
sur les *erineum*, est Bulliard. On doit à ce botaniste
une bonne figure de l'*E. alneum*, qu'il décrivit en
1791 dans son Herbier de la France, sous le nom de
Mucor ferrugineus. Persoon, dans le *Synopsis fungo-
rum*, qui, comme on sait, a servi de base à tous les
travaux entrepris depuis sur la famille des champignons, éleva en 1809 ce prétendu *mucor* au rang de
genre, sous le nom d'*erineum*. Sept espèces furent
alors décrites et renfermèrent des agames composées
de filamens simples, courts, roides, réunis en buis-
son (*cæspiticulum*), atténués ou en toupie, et simulant une sorte de scrobicule. M. de Candolle (1805)
conserva ce genre dans la Flore française, en y intro-
duisant une espèce inconnue à Persoon, qui ne fut
point adoptée par Fries; celui-ci, dans ses *Observatio-
nes mycologicæ* (1815), démembra le genre *erineum*
pour en former quatre genres : *taphria*, *phyllerium*,
cronartium et *erineum*. Ces genres, placés à la suite
du genre *racodium*, c'est-à-dire près des byssoïdées,
renferment dix-huit espèces. En 1822, Gréville fit paraître une monographie du genre *erineum* (*in Edinb.
Philosoph. journ.*, pag. 67 et suiv.). Il décrivit dix-sept
espèces, mais n'adopta pas les genres proposés par Fries.
Il en fut de même de Persoon, qui, vers la même année, fit imprimer en Allemagne le premier volume de
sa *Mycologia europæa*. Cet auteur se contenta de par-
tager le genre *erineum* en trois sous-genres : *phyllerium*, *grumaria* et *taphria*, et il y répartit vingt-six

espèces, qui, presque toutes, vivent en France. Persoon a placé le genre *erineum* parmi les champignons filamenteux exospores. Peu après, deux botanistes allemands publièrent deux nouvelles monographies de ce genre : la première en date est celle de Schlechtendahl (Soc. roy. bot. de Ratisbonne, année 1822), et elle renferme de vingt-six à vingt-sept espèces. La deuxième monographie est due à M. Kunze, botaniste de Leipsic; on y trouve la description de quarante-cinq espèces, soigneusement analysées; les synonymies en sont fort complètes, mais malheureusement elle ne donne la figure d'aucune espèce et n'éclaire que bien peu la structure de ces êtres bizarres. Cet auteur a admis trois subdivisions, établies d'après la *Mycologia europæa* de Persoon. Fries, en 1825, fonda le groupe des phyllériées et le plaça parmi les fausses byssacées. Il propose de réunir le genre *cronartium* au genre *phyllerium*, et conserve les genres *erineum* et *taphria*. Steudel (*Nomenclator botanicus*, 1824) a adopté seulement les genres *erineum* et *cronartium*; il donne l'énumération de cinquante-une espèces pour le premier de ces genres; quant au genre *cronartium*, une seule espèce le constitue encore aujourd'hui. Sprengel (*Systema vegetabilium*, 1827) a décrit seulement trente-six espèces d'*erineum*, aussi réparties dans trois sous-genres. Cet auteur a placé le genre *erineum* parmi les champignons filamenteux (*hyphomycetes*). Enfin, M. Duby (*Botanicon gallicum*, 1830), qui conserve aussi le genre *cronartium*, a décrit trente espèces d'*erineum*, dont plusieurs espèces nouvelles; du reste il ne change rien aux subdivisions adoptées avant lui.

11. Telle est l'analyse rapide des principaux ou-

vrages où le genre *erineum* est traité avec quelque étendue. Nous venons de dire que déjà Steudel, en 1824, avait énuméré cinquante-une espèces d'*erineum* ; si l'on ajoute à ce nombre plusieurs nouvelles espèces, dont la description est isolée dans des mémoires particuliers, ceux que fait connaître M. Duby et les espèces inédites que nous décrivons dans ce mémoire, et qu'il nous eût été possible de tripler, on verra que nous n'avons point exagéré en portant le nombre des *erineum* à près de cent espèces. Si nous réfléchissons ensuite à la petite quantité de recherches qui ont été faites jusqu'à présent et à la facilité avec laquelle nous avons, en explorant quelques herbiers, trouvé les espèces nouvelles, décrites ici par nous pour la première fois, on jugera que le genre *erineum* pourrait un jour prendre place à côté des plus nombreux du règne végétal, s'il ne nous semblait prouvé qu'il doit en disparaître tout-à-fait. C'est ce qui nous reste à démontrer, et nous allons tâcher de faire passer notre conviction dans l'esprit de nos lecteurs.

12. Pour quiconque a étudié ou même simplement vu une grande quantité de cryptogames, il est facile de reconnaître que le *facies* des *erineum* ne rappelle nullement celui des plantes cellulaires. L'eau ne change ni leur couleur, ni leur consistance ; ils se plaisent sur des organes vivans, sans que ceux-ci paraissent souffrir de leur présence. La lumière n'est pas un obstacle à leur développement, la chaleur extrême ne leur est point nuisible ; enfin, et cette circonstance est concluante, ils ne renferment ni thèques ni spores, comme les champignons, les hypoxylées ou les lichens ; ni matière verte comme les confervées ;

ni globuline, comme plusieurs végétaux élémentaires.

13. Les auteurs systématiques ont senti que ces plantes étaient anomales, aussi ont-ils pour la plupart varié sur la place que les *erineum* devaient occuper parmi les agames. Link et Palissot-Beauvois en ont fait des algues; le premier de ces auteurs a changé depuis cette singulière classification. Persoon en a fait des byssoïdées; M. Brongniart des mucédinées; Fries, plus judicieux, les a rejetés dans un appendice, à la suite de sa famille des champignons.

Une pareille hésitation s'explique facilement par le peu de données acquises sur l'organisation de ces parasites. Les botanistes qui ont cru découvrir des spores en ont fait des mucédinées; ceux qui ont cru voir une matière distincte dans les filamens, leur assignèrent une place parmi les confervées; enfin, ceux qui ne virent ni spores ni matière verte, durent hésiter sur le mode de classification et les placer dans les appendices.

14. L'absence de spores et de matière verte suffit seule pour faire rejeter des agames les nombreuses espèces du genre *erineum*. Il n'existe aucun champignon qui ne montre, indépendamment d'un corps très-apparent, de forme et de couleur très-variables, des organes intérieurs nombreux, hyalins et ovoïdes, nommés spores ou séminules. Nous les avons trouvés dans tous les genres, et leur quantité est immense dans les mucédinées, parmi lesquelles on persiste encore à placer les *erineum*. Les hypoxylées sont exactement dans le cas des champignons : ce sont, ainsi que les lichens, des plantes sporigères, tout-à-fait différentes des phylériées. L'opinion qui voulait voir en eux des confervyes, ne mérite même pas d'être discutée.

Si la famille des algues, celle des champignons, des hypoxylées et des lichens ne peuvent recevoir les genres qui composent le groupe des phyllériées de Fries, ce ne sont donc pas des agames, et s'il en est ainsi, ce ne sont donc pas des plantes. Quelques auteurs avant nous s'étaient demandé quel rang les *erineum* doivent occuper dans l'échelle des êtres végétaux. Ceux qui voyaient en eux des plantes sporigères, Bulliard, Gréville, Brongniart, les mirent parmi les champignons; mais ceux qui ne voulurent pas croire à la présence des spores, décidèrent que les *erineum* étaient le résultat d'une affection morbide de la feuille: ils établirent que les filamens des phyllériées, analogues aux poils et aux cornes, n'étaient autre chose qu'un développement anormal de ces organes, ayant lieu sans cause connue, ou bien une transformation des cellules de la feuille.

Telle est l'opinion de M. Fries, et cette opinion est exprimée en termes précis dans l'introduction à son système mycologique, dont le troisième volume vient de paraître: *Phylleriaceæ*, dit-il, *sunt status morbosi vestitus plantarum* (p. 72). Cet auteur si sagace ne modifia point cette opinion dans la revue des genres, qui termine son ouvrage. Kunze, en prenant pour épigraphe de sa monographie la phrase de Fries que nous venons de citer, montre assez qu'il adopte les idées du botaniste suédois.

15. M. le docteur Unger, qui a publié récemment un travail très-important sur les exanthèmes des feuilles [1],

---

[1] *Die Exantheme der Pflanzen, und einige mit diesen verwandte Krankheiten der Gewæchse; pathogenetisch und nosographisch dargestellt, von Franz Unger. Wien, 2 vol. in-8.°, 1833.*

a reproduit de nouveau cette opinion, qu'il développe longuement : il ne croit pas à l'origine animale
des *erineum*, quoique l'on ne puisse nier qu'ils
n'aient une grande ressemblance avec le *bedeguar*, évidemment produit par des *aphis* (*cynips ?*). M. Unger
refuse d'adopter l'opinion de certains auteurs, qui
croient que les *erineum* sont des poils transformés. Il
attribue la formation de ces singulières productions à
une maladie de l'épiderme, causée par une gêne dans
la circulation des sucs nourriciers à la suite des alternatives d'humidité ou de sécheresse, et il les compare avec
les cornes, les ongles ou les dents qui prennent un
accroissement anormal. L'origine des *erineum* est due
à une cellule qui s'élève au-dessus du tissu, s'accroît
peu à peu, s'alonge (et simule une spire ou fausse tra-
chée). On voit d'abord, continue le même auteur, un
gonflement ou boursoufflement, ou, si l'on aime mieux,
de petites bulles groupées ; ces bulles sont les cellules
accrues, destinées à former des *erineum*. Cette formation suppose une accumulation d'humeurs, une sorte
de pléthore et une dissolution du parenchyme dans
les sucs de la feuille ; c'est après ce ramollissement morbide que paraissent les exanthèmes.

Cette théorie, qui n'est ni satisfaisante, ni assez clai-
rement exprimée, se rapprocherait de la nôtre, si
l'on se contentait d'attribuer à la piqûre des insectes
l'effet que le docteur Unger attribue aux alternatives
de sécheresse et d'humidité ; mais qu'est-ce que l'auteur
entend par une dissolution du parenchyme ? Comment
une gêne dans la circulation des fluides donnerait-elle
lieu à une production de poils ou d'expansions, qui
suppose au contraire que ces sucs sont très-abondans ?

M. Persoon, qui a commenté avec nous le passage du docteur Unger relatif aux *erineum*, le déclare obscur et contradictoire en quelques points; nous n'osons donc pas pousser plus loin la controverse, il nous suffira de constater que l'auteur allemand ne croit pas aux insectes comme cause déterminante des *erineum*.

16. L'analogie des filamens érinéifères avec les poils est, dans un très-grand nombre de cas, par-faite. Les poils sont des tubes assez longs, diaphanes, évidemment canaliculés, élargis vers la base, flexueux, lorsque leurs proportions sont considérables, et quel-quefois recourbés en hameçon. On en trouve un très-grand nombre entièrement vides; mais il en est aussi dans lesquels on découvre des granules, en apparence com-pactes, qui semblent y avoir été déposées par des fluides nourriciers. Toutes les particularités que nous venons de faire connaître se présentent dans les *erineum* à fila-mens non cloisonnés, compris dans la première divi-sion du *species* qui accompagne ce mémoire. Le *tomen-tum* de la plupart des feuilles est formé de membranes tubuleuses, très-courtes, et ne différant des poils que par les proportions.

17. Les filamens d'un grand nombre d'espèces d'*eri-neum* sont aplatis, membraneux, plissés, égaux vers les deux bouts; d'autres, ainsi que nous l'avons fait connaître, ont un col, ce qui leur donne l'aspect d'un utricule. L'analogie des poils avec les filamens des *erineum* n'existe donc que dans le plus petit nombre des espèces, et cette particularité est déjà un obstacle à l'adoption de l'opinion que nous examinons.

18. Si toutes les feuilles érinéifères étaient velues ou hispides, on pourrait croire, en voyant l'identité des

filamens de certaines espèces avec les poils , que leur
origine est commune; mais comme un grand nombre
d'entre elles paraît se plaire sur les feuilles glabres, on
ne peut admettre cette hypothèse. Pour qu'un organe
puisse s'accroître, il faut d'abord qu'il existe. On voit,
il est vrai, sous l'influence de diverses causes qui,
presque toutes, tiennent au mode de nutrition de la
plante et aux milieux dans lesquelles elle vit, des espèces glabres devenir villeuses et *vice versà;* mais cela
n'arrive jamais partiellement, et cette villosité n'est
point disposée par groupes épais de manière à laisser
des espaces glabres, tandis que d'autres seraient déro-
bés à l'œil sous une épaisse couche de poils. Il est une
objection plus sérieuse et tout-à-fait concluante; la
voici : Lorsque la feuille érinéifère est velue, les filamens de la production accidentelle n'ont aucun rapport de forme avec les poils à côté desquels ils vivent.
La cause qui produit l'*erineum* n'est donc pas la même
que celle qui produit les poils. Cette cause évidemment
différente, quelle est-elle donc?

19. De Candolle s'était demandé, dès 1805, si les filamens de l'*Erineum vitis* n'étaient pas des loges d'insectes? Cette question, nous nous la sommes faite à
notre tour, et nous avons cherché à la résoudre.

20. Les poils qui recouvrent certains gallinsectes,
ceux du chêne, par exemple, de même que ceux du
bédéguar, se sont trouvés identiques avec les filamens
des *erineum.* Ce sont aussi des tubes diversement contournés, pellucides, montrant à l'intérieur des granules solides et opaques. Nous ne pûmes admettre que
ces filamens et ceux des *erineum* fussent des loges d'insectes, mais nous pensâmes que peut-être ils avaient

une origine commune. Cette opinion n'eût été qu'une simple hypothèse, si l'observation ne fût venue la confirmer.

21. Les *erineum* les plus communs sous le climat de la France centrale et septentrionale sont connus des botanistes sous les noms d'*E. vitis, tiliaceum, acerinum* et *juglandinum*. Ils abondent sur la feuille des arbres dont ils empruntent leur nom, et les grandes dimensions qu'ils acquièrent les rendent très-propres aux expériences. Étudiés à l'état de dessiccation, ces *erineum* nous ont montré distinctement des larves engagées au milieu de filamens de forme variable et diversement contournés.

22. Ces larves, dont il n'est pas toujours facile d'étudier la forme à l'état de dessiccation, sont ovoïdes, grosses, plus ou moins alongées, marquées d'anneaux transverses; la tête est distincte du corselet et se présente ornée de longues antennes; les pattes, au nombre de six, paraissent articulées; le corps est velu et muni d'appendices séteux.

Ces singuliers êtres, que nous avons découverts d'abord dans les filamens de l'*E. vitis*, puis dans les *E. acerinum, juglandinum* et *tiliaceum*, où leurs formes sont très-faciles à préciser, ont été vus par nous, mais d'une manière moins parfaite, dans une foule d'autres espèces, ainsi que nous le dirons plus loin.

23. Après avoir analysé les *erineum* des herbiers, il convenait de les étudier à l'époque de leur premier développement et sur les feuilles vivantes. C'est ce que nous nous empressâmes de faire, et les résultats de nos observations dépassèrent nos espérances.

24. Quatre espèces d'*erineum* ont été l'objet d'études

spéciales; ce sont les *E. vitis*, *acerinum*, *juglandinum*
et *tiliaceum*. Tous nous ont présenté des insectes vivans souvent visibles à l'œil simple.

Ils apparaissent sous la forme d'une larve alongée,
ayant quatre pattes, terminées par de petits pénicilles
de poils. Ces pattes sont attachées vers la partie supérieure du corps, qui est marqué d'anneaux apparens et
muni de poils vers la partie moyenne; celle-ci est dé-
primée, tandis que la partie inférieure, terminée en
pointe, porte deux paires de cils assez longs et fort
roides. Ces larves, que nous avons vues vivantes dans
les *E. acerinum* et *tiliaceum*, ont une allure lente et
comme embarrassée; elles diffèrent un peu dans les
deux espèces d'*erineum* que nous venons de nommer.
Les figures que nous donnons établiront bien mieux
leurs différences caractéristiques qu'une description
comparative. (Voyez *E. acerinum* et *roseum.*)

25. Il ne faut pas confondre ces larves avec les *aphis*,
qui, presque toujours, vivent dans le voisinage des
erineum. Les proportions de ces animaux, que nous
avons cru devoir figurer, afin de mieux établir les différences qui existent entre eux et les véritables insectes
des *erineum*, sont assez considérables; la transparence du
corps est si parfaite, qu'on peut voir fort distinctement
leur structure interne et admirer le mécanisme des organes qui servent à l'entretien de leur fugitive existence.

26. L'*aphis* de l'*E. vitis*, que nous représentons avec
un grossissement de 250 fois, est hexapode et muni d'antennes. Le corps est ovoïde et divisé en douze ou qua-
torze paires d'anneaux, dont chacune porte deux cils.
On voit sur les anneaux inférieurs des stigmates ovoïdes.

faisant saillie. La tête paraît soudée au corselet; elle est petite et munie de deux yeux fort apparens et assez gros. Nous avons vu la larve de l'*Erineum vitis*, et nous en donnons le dessin, mais nous ne l'avons vue que morte. Nous nous proposons de faire de nouvelles recherches pour l'étudier vivante.

27. L'*aphis* de l'*E. juglandinum* est moins alongé que celui de l'*E. vitis*; le corps est ovoïde. Nous n'avons pu voir les trachées. Les poils sont glanduleux, symétriques et disposés par paires; ils se trouvent en abondance sur toutes les surfaces articulées. La larve de cet *erineum* s'est présentée à nous dans le même état que celle de l'*E. vitis*; elle doit donner lieu aux mêmes observations.

28. L'*E. acerinum* nous a montré vivant le petit animal qui le produit. Il est articulé, tétrapode, ovoïde alongé, glabre, et porte quelques cils à l'extrémité du corps; la tête est pointue et peu distincte. Il reste dans les filamens où sans doute il vit. Ses mouvemens sont intéressans à étudier; il se porte en avant à l'aide de ses pattes et ramène en avant le reste du corps, en exécutant un mouvement de respiration curieux. Nous croyons que les globules représentés (tab. VI, fig. 5) sont des œufs.

L'*aphis*, qui vit près de l'*Erineum acerinum*, est hexapode et ovoïde; il porte de longues antennes articulées et des poils non bulbeux; il ressemble beaucoup à l'*aphis* de l'*E. juglandinum*.

29. La larve de l'*E. tiliaceum* se présente sous deux états également singuliers. L'état le moins avancé est celui que nous donnons (tab. I, fig. 1, *b*); le corps est très-alongé, rétréci vers son milieu, muni de trois

paires de cils; l'une est attachée vers le tiers supérieur du corps, les deux autres en occupent l'extrémité. Les anneaux sont nombreux; les pattes, au nombre de quatre, rapprochées et attachées très-près d'une sorte de bec, portent une houpe ou pénicille de poils. L'allure de ce petit animal est assez vive; il naît dans les filamens de l'*erineum* en sociétés nombreuses. L'état qui semble le plus avancé est représenté tab. cit., fig. 1, c : la larve est ovoïde; elle a quatre pattes, des cils placés comme dans le premier état, à l'exception de la paire centrale, que l'on ne voit plus. Le corps est considérablement grossi et dilaté; on voit que l'espace compris entre les anneaux est entièrement occupé par des corps ovoïdes, disposés par séries et excessivement nombreux. On croirait avoir sous les yeux la femelle d'un coccus pleine d'œufs. En écrasant cette larve, on voit s'échapper les œufs en aussi grande abondance que les granules polliniques, quand elles brisent les utricules qui les renferment. Nous croyons inutile de rappeler ici que l'*erineum* du tilleul n'a aucun rapport avec les productions exanthématiques charnues, étudiées dernièrement par M. Turpin, et qui vivent aussi sur les feuilles du tilleul d'Europe. Nous n'hésitons pas à regarder ces deux états comme deux modifications propres à un seul et même animal. Mais s'il était vrai que les corpuscules observés dans le corps de la larve fussent des œufs, ce serait un animal parfait et le nom de larve ne lui conviendrait plus.

30. La larve de l'*E. clandestinum*, qui habite le *Cratægus Oxyacantha*, est hexapode et vermiforme; elle a une tête arrondie, ornée de deux courtes antennes fort déliées; le corps est muni d'anneaux : elle vit dans le

2

repli de la marge de la feuille à l'abri de la lumière. Ce repli forme une sorte de fourreau, d'où elle s'échappe vraisemblablement quand elle a acquis un complet développement.

31. Nous avons vu des larves dans un très-grand nombre d'*erineum*, mais point assez distinctement pour en donner une description détaillée, par exemple dans l'*E. bignoniaceum, quercus tinctoriæ, Poitei, semi-vestitum, alnigenum, sorbi, mougeotianum, sinucola, pseudo-platani, pyracanthæ, ecastophyllum* et *roseum*. Nous donnerons dans le *species* quelques courts renseignemens sur les larves que nous avons le mieux vues et qui nous ont présenté quelques particularités remarquables. Les *Erineum pyrinum* et *roseum*, étudiés à l'état de dessiccation, nous ont montré des corps particuliers de forme singulière et fort difficile à préciser. Si ce sont des larves, il faut convenir qu'elles n'ont avec celles dont nous venons de parler qu'un rapport bien éloigné.

32. Les *aphis*, que nous avons trouvés presque toujours près des *Erineum vitis, acerinum* et *juglandinum*, et que Schlechtendahl, avant nous, avait observés près de l'*Erineum ribis rubri*[1], naissent-ils dans les touffes de filamens des *erineum;* nous ne le croyons pas. Ces animaux sont en trop petit nombre, et jamais nous n'avons pu les voir placés sur les filamens eux-mêmes, mais arrêtés seulement à côté. Peut-on supposer que les larves, qui naissent et vivent dans les *erineum* et que nous figurons tab. I, fig. 1, et ailleurs, en se métamorphosant,

---

[1] *Semper,* dit-il, *cum hac excrescentia consocietas invenimus aphides, quæ hisce exuberantibus foliorum formis potius alliciuntur, quam producuntur.*

puissent donner naissance à des *aphis ;* cela ne peut
être, et semble contraire à toutes les observations déjà
faites. La difficulté serait bientôt levée, si nous avions
pu voir la métamorphose de ces larves; mais ce résultat désirable n'a pu jusqu'ici être obtenu; ce que
nous en croyons savoir présente encore trop de
vague et d'incertitude; nous attendrons, pour faire
connaître nos observations, qu'elles soient plus posi-
tives.

33. Il est hors de doute, nous dira-t-on, que les insectes que vous décrivez et que vous figurez existent
réellement; mais ne seraient-ils pas nichés accidentelle-
ment dans ces filamens, au milieu desquels ils vont chercher un abri contre l'action trop vive de la lumière, ou
un refuge contre les vicissitudes atmosphériques? Nous
répondrons à cette objection, que nous avons observé
l'insecte de la vigne sur des feuilles venues de localités
fort différentes et que nous l'y avons toujours trouvé.
Ce n'est donc point un hôte passager; nous pouvons
dire la même chose de l'insecte des *E. acerinum, juglandinum* et *tiliaceum.* Enfin, s'il était possible que
ces touffes de filamens fussent habités par des insectes
microscopiques, n'en aurait-on pas indiqué dans une
foule d'agames et surtout dans les poils des végétaux?
Or, trois ans de travaux consacrés à l'étude de la plupart des champignons et des hypoxylées, pendant
lesquels nous avons soumis au microscope une foule
de productions végétales, ne nous ont rien présenté
de semblable.

34. L'analogie des *erineum* avec les gallinsectes nous
semble démontrée jusqu'à l'évidence. Tant que l'histoire
des insectes qui leur donnent naissance ne sera pas

mieux connue, doivent-ils figurer dans un appendice
à la suite du règne végétal? Nous ne voyons pas que cela
soit bien nécessaire. Il devrait suffire d'indiquer les arbres
érinéifères et d'en donner la liste. Toutefois nous croyons
utile, pour faciliter les recherches des naturalistes, de
décrire les espèces connues et de débrouiller les synonymies. On verra par l'examen critique que nous allons
faire des genres qui composent le petit groupe des
phyllériées, sur quelles bases légères reposent les caractères fondamentaux de ces genres. Cet examen fera
l'objet de la deuxième partie de ce mémoire ; avant de
le commencer, disons un mot du mode d'action pro-
bable du suçoir des gallinsectes.

35. L'animal, en perforant l'épiderme d'une partie
quelconque du végétal, y dépose un suc irritant de
nature inconnue, qui imprime une puissante modification à la circulation des fluides. Ceux-ci, déviés, af-
fluent vers la partie blessée, et dès-lors commence une
végétation anormale dont le résultat certain est de donner naissance à des productions bizarres, les moins
connues encore du règne organique. On pourrait croire
que ces curieuses créations, qui affectent toutes les formes et se nuancent de toutes les couleurs, sont des jeux
de nature ; mais, quelle que soit la singularité de leur
structure, les galles sont toujours caractéristiques de
l'espèce d'animal qui les fait naître. Ce sont de véritables produits végétaux, et leur constitution chimique
ne présente rien qui puisse trahir leur origine animale.
On y trouve les mêmes principes immédiats que ceux
observés sur les végétaux qui concourent à leur développement, mais pourtant à un état de concentration
plus grand. Par exemple le chêne, riche en tannin et

en acide gallique, donne des galles plus riches encore en principes semblables et sans aucune trace d'azote. Les galles de l'euphorbe sont âcres et corrosives, autant et plus peut-être que l'euphorbe elle-même.

36. Des effets pareils ont lieu sans doute sur l'épiderme des feuilles érinéifères. Les insectes le perforent et introduisent dans les mailles du tissu le fluide irritant; aussitôt la production parasite se développe. Elle diffère beaucoup des galles ordinaires, parce que l'animal vulnérant est lui-même fort différent de tous les autres gallinsectes. Hasardons quelques hypothèses sur le mode d'action présumé du suçoir des insectes érinéifères, les seuls que renfermera ce mémoire, fondé uniquement sur des faits. Deux grandes modifications de forme ont été observées sur les filamens d'*erineum*. Les uns adhèrent par une base à l'épiderme de la feuille et ne renferment que des granules de matière verte; les autres, libres, s'étendent en membranes de forme variable, qui semblent être une sorte de petite matrice dans laquelle est logé l'insecte pendant une partie de sa vie. Ne peut-on penser que dans le premier cas l'insecte perfore une ou plusieurs cellules? La cellule ainsi modifiée s'accroît, s'élève au-dessus de l'épiderme, reçoit les sucs nourriciers dans toutes ses parties, et, comme tous les corps qui s'alongent de bas en haut, s'amincit vers l'extrémité supérieure. Le petit insecte pique successivement l'épiderme dans plusieurs points rapprochés de la surface de la lame; une touffe de filamens naissent, au milieu desquels l'animal s'établit et y dépose ses œufs. Dans le second cas, celui où les membranes servent d'enveloppe à l'animal, ne peut-il pas arriver que celui-ci

dépose dans les cellules, des œufs qui agissent comme
corps irritant? La cellule, dont la vitalité est modifiée,
quitte l'épiderme avec les germes qu'elle porte en elle;
peut-être même en est-elle tirée par l'instrument
perforant; elle se distend considérablement au fur et
à mesure que ceux-ci se développent, jusqu'à ce que
les insectes parfaits en sortent par les déchirures du tissu,
conséquence nécessaire d'une distension trop considérable. Ainsi s'expliquerait le peu d'adhérence des filamens à l'épiderme et leur aspect intestiniforme ou utri-
culaire. Fries, en disant que les *erineum* sont les cellules
des feuilles accrues et devenues difformes, semble donner quelque poids à cette dernière hypothèse (cfr. *Syst,
orbis vegetabilis*, p. 3,6).

Nous pourrions donner de nouveaux développe-
mens à cette première partie de notre travail, mais nous
préférons attendre, pour le compléter, des observations
nouvelles. Il doit nous suffire d'avoir indiqué aux naturalistes la route dans laquelle ils doivent marcher; il
n'est pas indigne des plus habiles même, d'étudier le
mode d'accroissement de ces insectes, les plus petits
peut-être du règne animal, qui, avec des proportions
atomistiques, révèlent une structure analogue à celle
des autres insectes, seulement supérieurs à eux par les
proportions, et ne décèlent leur présence sur les feuilles
que par les effets singuliers qu'ils y déterminent.

§. II.
Des genres Erineum, Phyllerium, Taphria et Cronartium.

37. Fries est le fondateur de ces trois derniers
genres, dont un seul, le genre *cronartium*, a été

adopté. Tous concourent à former le petit groupe des phyllériées, aussi créé par cet auteur. Les caractères essentiéls qui séparent ces plantes sont pour la plupart assez légers. L'*erineum*, écrit Fries, est formé de pseudo-fibres agrégées, continues, légèrement déprimées, déterminées par les cellules du tissu des feuilles, devenues difformes et accrues. C'est là le sous-genre *grumaria* des auteurs. Le genre *phyllerium* est formé de fibres agrégées, presque continues, atténuées, colorées et provenant de poils devenus difformes. Le *taphria* ou *taphrina* est formé de pseudo-fibres sous-arrondies, gonflées, continues, constituant une tache soyeuse. Le genre *cronartium* montre des filamens roides, colorés, simples, continus, dilatés vers la base en une sorte de tubercule. Ainsi, comme on le voit, il y a dans toutes ces plantes simplicité d'organisation, absence de spores et différence dans la dimension des membranes qui les forment.

38. Les phyllériées que nous avons soumises au microscope, nous ont présenté cinq modifications principales de forme :

1.° Des membranes utriculiformes, arrondies, ayant une sorte de bec;

2.° Des filamens tubuleux, alongés, diversement contournés;

3.° Des filamens tubuleux, marqués de plis transverses;

4.° Des filamens épais, non pellucides, solides et assez durs;

5.° Des filamens de nature muqueuse, avec des corps ovoïdes et hyalins.

39. De ces cinq modifications de forme, deux sont

de nature à faire rejeter du groupe des phyllériées les plantes qui les présentent. Les filamens épais, non pellucides, appartiennent au *cronartium ;* les filamens de nature muqueuse, au milieu desquels se trouvent des corpuscules arrondis, au *taphria.* Les trois premières modifications sont particulières aux vraies phyllériées.

40. Les vraies phyllériées ont une origine animale; les autres sont des productions obscures, sur lesquelles il est presque impossible de rien dire de satisfaisant.

41. Chacune des modifications appartenant aux véritables phyllériées peut servir à constituer trois sous-genres ou seulement trois espèces avec des variétés tirées de la couleur; car il est bien difficile d'apprécier, même au microscope, les différences qui les séparent. Il y a pourtant deux modes d'accroissement différens. Les filamens tubuleux à base élargie font corps avec l'épiderme ou cuticule de la feuille, tandis que les autres y sont seulement adhérens.

42. Les *erineum* ou *phyllerium* dont les filamens sont marqués de fausses cloisons, ne nous ont point présenté d'insectes, ni de larves, quand nous les avons soumis au microscope; il est vrai que nous n'avons pu les voir vivans, toutes les espèces qui présentent cette particularité étant exotiques. Parmi elles, l'*Erineum calabæ*, étant vraiment cloisonné, doit peut-être constituer un genre différent dont l'origine est végétale. Il est possible que ce soit l'observation des espèces cloisonnées qui a fait croire à feu Palissot-Beauvois que les *erineum* devaient être placés dans les algues.

43. Le genre *taphria* ne montre pas toujours des filamens; c'est à tort que les auteurs ont écrit le contraire. La tache arrondie qui constitue cette production est en

entier composée de corps ovoïdes nombreux, dont la nature est muqueuse. Ces corps sont-ils analogues aux spores? Sont-ce des ovules d'insectes ou une exsudation de l'épiderme de la feuille? c'est ce qu'on ne peut savoir. Quel que soit le jugement qu'on doive porter sur le *taphria*, le moins sensé est évidemment de le placer parmi les *erineum*, et Fries, en l'élevant à la condition du genre, a très-sagement fait.

44. Le genre *cronartium* est composé de filamens tubuleux, formés eux-mêmes par des faisceaux de tubes plus petits. Le mode d'accroissement s'opère au moyen du dédoublement de ces tubes qui sortent de bas en haut, à peu près comme les pièces composant une lunette d'approche. On ne voit nulle trace de spores dans ces faisceaux, qui sont fort serrés et n'offrent avec les *erineum* qu'une seule analogie, celle d'appartenir à une production fixée sur l'épiderme des feuilles vivantes; l'*Erineum populinum* paraît être un *cronartium*.

45. La place que doivent occuper les genres *taphria* et *cronartium* dans la famille des champignons ou des hypoxylées est douteuse; c'est vainement qu'on leur chercherait des analogues. Un appendice devra donc les recevoir jusqu'à ce que ces diverses productions agamiques soient mieux connues. Mais en émettant cette opinion, nous devons déclarer qu'il ne nous semble exister entre les *erineum*, les *taphria* et les *cronartium* aucune analogie qui puisse justifier la place que les auteurs leur donnent dans leurs ouvrages. Peut-être trouvera-t-on tôt ou tard à les placer convenablement; qui sait même s'ils ne deviendront pas le type de quelque nouvelle tribu de la vaste famille des champignons?

46. Il nous semble résulter de tout ce que nous venons de dire dans ce mémoire :

1.º Que le groupe établi par Fries sous le nom de phylléries est artificiel ;

2.º Que parmi les genres qui le composent il n'en existe peut-être qu'un seul, le genre *taphria*, qui doive rester dans la famille des champignons, quoique la place dans la série des genres de cette famille ne puisse être déterminée ;

3.º Que le genre *cronartium* est une production ambiguë, dont l'origine est douteuse, mais n'a aucune analogie véritable avec les vrais *erineum* ;

4.º Que le genre *taphria*, tel qu'il existe aujourd'hui, réunit plusieurs plantes obscures, dont il faut de nouveau étudier la structure ;

5.º Que les seules phylléries qui semblent avoir une origine commune, sont comprises par les auteurs dans les sous-ordres du genre *erineum*, désignés par les noms d'*erineum* et de *phyllerium* ;

6.º Que parmi les *erineum* à filamens tubuleux, ceux qui sont cloisonnés méritent peut-être de former un genre à part ;

7.º Que les vrais *erineum* ne sont ni des conservées, ni des mucors ;

8.º Que l'absence de spores, dans la totalité des espèces, peut seule suffire pour les faire rejeter du règne végétal ;

9.º Que leur analogie avec les poils ne suffit pas pour établir que les *erineum* sont des poils transformés, puisque les *erineum* qui naissent sur les feuilles chargées de villosités diffèrent des poils qui les couvrent ;

10.° Qu'ils sont le résultat d'une blessure faite à l'épiderme de la feuille par plusieurs animaux de la classe des insectes;

11.° Que ces petits êtres, observés sur un assez grand nombre d'*erineum*, existent vraisemblablement dans tous;

12.° Et enfin, que le genre *erineum* des botanistes, moins le sous-genre *taphria*, prenant place dans le règne animal, devra cesser de figurer parmi les genres botaniques.

§. III.

SPECIES.[1]

Quoique nous décrivions tous les *erineum* connus, de manière à donner une véritable monographie de ces singulières productions, nous n'établissons point de caractère générique; car nous ne pensons pas que les *erineum* soient des plantes. Mais il était convenable, pour donner aux naturalistes des moyens d'étude, de différencier ces exanthèmes et d'indiquer soigneusement les plantes sur lesquelles on les trouve. La coordination adoptée ici est en partie empyrique et la conséquence de notre conviction ; elle est commode et devra faciliter les recherches et les diagnoses.

I. PHYLLERIACEÆ LEGITIMÆ.

(Erineum et Phyllerium Auct. emend.)

A. *Floccis elongatis tubulosis* (*phylleria*).

α. EPIPHYLLA.

* *Exotica.*

1. ERINEUM ACHRADEUM, F.

Epiphyllum; cæspitibus effusis, amorphis; floccis semi-liberis, rubiginosis.

---

1 Nous ne donnons ici qu'une synonymie incomplète : on trouvera à la fin de ce *species* une concordance par ordre alphabétique; on pourra la consulter au besoin.

Habitat in foliis achradis...... *Cayennæ. (V. s.) Icon.*, pl. IV, fig. 2.

Aspect au microscope : Filamens roussâtres, intestiniformes, rubanés, de longueur variable, contournés diversement en spirale, en cornes d'Ammon, etc.

Aspect à la loupe et à la vue simple : Filamens groupés près de la nervure médiane; adhérence très-faible, point de forme bien arrêtée; la lame inférieure n'est ni décolorée ni impressionnée par la présence de l'*erineum*.

Nota. Il ne s'est présenté parmi les filamens ni larves ni granules.

2. E. GREWIANUM, F.

Epiphyllum; cœspitibus sparsis, crassis, fragilibus, russulis; floccis abbreviatis, erectis.
Habitat in foliis grewiæ.... indicæ. (V. s. in Herbario Meratii.) Icon., pl. VII, fig. 2.

Microscope : Filamens larges, rubanés, rougeâtres, fragiles, sans granules apparentes, flexueux et pellucides.

Loupe et vue simple : Coussinets épais, arrondis, épars, rougeâtres, tachant légèrement la partie correspondante de la feuille qui les supporte; filamens courts et dressés.

3. E. MOUGEOTIANUM, F.

Epiphyllum; cœspitibus rubricosis, amorphis, effusis; floccis arrectis, incurvis, raro flexuosis.
Habitat in foliis arboris ignotæ brasiliensis. (V. s. in Herbario Mougeotiano.) Icon., pl. IV, fig. 1, *a, b.*

Microscope : Filamens tubuleux, larges, épais vers les deux extrémités, contournés, un peu arqués, plus rarement flexueux, roussâtres.

Loupe : Poils redressés et courbés vers le sommet.

Vue simple : Taches rouge-brique, amorphes, très-étendues, occupant la lame supérieure; lame inférieure crispée.

dans la partie correspondante, mais non sensiblement décolorée.

Nota. On voit distinctement parmi les filamens des corps ovoïdes, qui sont des débris d'insectes et peut-être l'enveloppe des larves, abandonnée après leur métamorphose.

** *Indigena.*

4. E. inclusum, Kunze *in* Litter.

Epiphyllum; cæspitibus sparsis, rotundis, a membranula glauco-albidula tectis; floccis longissimis, intense ferrugineis. F.

Habitat in foliis Fagi sylvaticæ, L., *Europæ. Icon.,* tab. V, fig. 4. (*V. s.*)

Microscope : Filamens très-longs, vides, intestiniformes, un peu plissés, pellucides.

Loupe et vue simple : On trouve au-dessous de la petite membrane blanche, mince et papyracée, un groupe de filamens très-longs, mêlés, fort déliés et d'une couleur de rouille très-prononcée.

Nota. Cette espèce est anomale; il serait curieux d'en suivre le développement.

β. hypophylla.

* *Exotica.*

5. E. bignoniaceum, F.

Hypophyllum; floccis elongatis, congestis, summitatibus flexuosis, cæspitulis prominentibus, sparsis, ovoideis, concoloribus.

Habitat in foliis Bignoniæ pentaphyllæ, L., *Jamaicæ.* (*V. s.*) *Icon.,* pl. 1, fig. 3, *a, b,* et pl. VIII, fig. 3.

Microscope : Filamens tubuleux, assez longs, un peu recourbés, à parois épaisses, montrant des corps arrondis, diaphanes.

Loupe : Poils alongés, fléchis vers le sommet et fort rapprochés.

Vue simple : Coussinets villeux, proéminens, ovoïdes, épars, de la même couleur que la feuille.

Nota. Corps ovoïdes, opaques, à peu près égaux vers les deux extrémités : sont-ce des insectes?

6. E. celastrinum, Schl., *Linnæa* 1, p. 235; 1826.

Hypophyllum; immersum, limitatum, prius fuscescens, deinde obscure brunneum; floccis dense intertextis, apice vix dilatatis, varie tortis flexisque, pellucidis, locis obscuris irregulariter notatis.

Habitat in promontorio Bonæ Spei in foliis Celastri nondum descriptæ.

7. E. melanoleucum, Schl. *in Linn.*, *loc. cit.*

Hypophyllum; immersum, intercostale, fere rectangulum, fusco tabacinum; floccis cylindricis, obtusis, valde irregulariter tortis flexisque.

Habitat in pagina inferiore foliorum Qualeæ nondum descriptæ (Brasilia).

8. E. quercus cinereæ, Schw., *Syn. fung. Carl.*, *Act. Lips.*, 1, 130.

Hypophyllum; profunde impressum, filis cinereis parcis, crassiusculis.

Habitat in foliis Quercus cinereæ Mich. in America.

9. E. quercus tinctoriæ, F.

Hypophyllum; filamentis longissimis, rubiginosis; cæspiticulis sparsis, rotundatis.

Habitat in America septentrionali supra foliis Quercus tinctoriæ, Mich. (V. s. in Herbario Michauxii.) Icon., pl. 1, fig. 4, a.

Microscope : Longs filamens flexueux, étroits, colorés, vides, pellucides.

Loupe et vue simple : Coussinets de filamens rubigineux , très-peu nombreux, arrondis ; la partie correspondante de la feuille est légèrement décolorée.

Nota. On trouve au milieu des filamens des larves nombreuses, assez grosses, ovoïdes, souvent indistinctes. Leur analogie avec les larves des *acer* est très-grande.

10. E. Poitei, F.

Hypophyllum; cæspitibus irregularibus, sub-pulverulentis; floccis uncinatis, arrectis.
Habitat in foliis clistranthi (Poit., ined.) *Cayennæ.* (*V. s.*)
Icon., pl. VIII, fig. 2.

Microscope : Membranes tubuleuses, dont la forme est difficile à préciser , difformes , obtuses , striées et plissées, fragiles et pellucides, de longueur variable.

Loupe : Filamens redressés, recourbés en crochet.

Vue simple : Taches épaisses, irrégulières, couleur de rouille jaunâtre, pulvérulentes, très-faiblement adhérentes, appuyées contre les nervures, n'impressionnant nullement le côté opposé de la lame.

11. E. semi-vestitum, F.

Hypophyllum; cæspitulis scrobiculatis, foliorum epidermide vestitis; floccis abbreviatis , rubiginosis.
Habitat in foliis Eugeniæ punctatæ, Vahl. (*Guadelupensis*).
Icon., pl. IX, fig. 1. (*V. s.*)

Microscope : Membranes tubuleuses, flexueuses, arquées, sinueuses.

Loupe : Petits amas de filamens peu distincts, de couleur de rouille, très-peu adhérens.

Vue simple : Sortes de fossettes à marge calleuse, jamais confluentes, de forme arrondie ou ovoïde, déterminant de fortes dépressions.

Nota. Corps ovoïdes (larves), où l'on croit deviner une organisation animale.

La partie supérieure de la lame est bosselée par l'*erineum*, dont les filamens abandonnent parfois les scrobicules, de manière à en laisser un grand nombre parfaitement vides. Cet *erineum* a le *facies* d'un gallinsecte et a été long-temps considéré comme tel dans ma collection.

12. E. synotrichum, F.

Hypophyllum ; cæspitulis albo-rufis, subimmersis, scrobiculatis, rotundo-difformibus ; floccis flexuosis.
Habitat in foliis Quercus fastigiatæ, Lamk. (*V. s. in Herbario Palissoti.*) *Icon.*, pl. II, fig. 1.

Microscope : Filamens tubuleux, pellucides, adhérant à l'épiderme par une sorte de bulbe; point de granules; ces filamens sont flexueux, souvent géminés ou soudés par leur base. Leur forme diffère peu de celle des poils de la feuille.

Loupe et vue simple : Coussinets d'un blanc roussâtre, enfoncés dans la feuille, peu nombreux, irrégulièrement arrondis; aspect laineux; *facies* de l'*E. juglandinum.*

Nota. La roideur des filamens, leur translucidité, leur soudure, l'épaississement de la base, tout trahit une origine animale.

** *Indigena.*

13. E. axillare, F.

Hypophyllum ; cæspitulis parvulis, circa costam mediam sitis ; floccis intricatis, rubiginosis.
Habitat in foliis Alni viridis, Vill., *Galliæ* (*V. s.*) *Icon.*, pl. I, fig. 5.

Microscope et loupe : Voyez *E. tiliaceum.*

Vue simple : Amas de filamens feutrés, couleur de rouille pâle, formant des petits coussinets situés le long de la nervure médiane, au point de départ des nervures secondaires.

14. E. coryleum, Pers., *Myc. eur.*, 1, p. 3, *sp.* 4 ; Kunze, *Mon.*, p. 155.

Hypophyllum ; cæspitulis immersis, cupulæformibus, molli-
bus, subrubro-variegatis, demum opaco-griseis, subva-
riegatis, inferis.
Habitat in foliis Coryli Avellanæ, L., *Europæ.*
Linck dit que cet *erineum* est une plante obscure.

15. E. JUGLANDINUM, Pers., *Myc. eur.*, I, 2 ;`Phyllerium
juglandinum*, Fries, *Obs. myc.*, I, 228.
*Hypophyllum ; cæspitulis immersis, applanatis, majusculis,
dilute pallidis.*
Habitat in foliis Juglandis regiæ, L. *Icon.*, pl. I, fig. 2, *a,
b, c, e.*

Microscope : Filamens longs, étroits, hyalins, flexueux,
tubuleux, offrant intérieurement des granules de matière
jaune verdâtre, tantôt occupant quelques parties du tube,
tantôt paraissant l'envahir tout entier.

Loupe : Filamens blanchâtres, couchés, serrés et comme
feutrés, formant une tache marquée d'impressions ou d'en-
foncemens, qui ne sont pas toujours visibles.

Vue simple : Coussinets de poils courts, d'un jaune
pâle, sous-arrondis, épars, déprimant la lame opposée, qui
est bosselée et ridée vers la partie correspondante. Les groupes
de filamens sont reçus dans une sorte de scrobicule, dont le
rebord est calleux. Comme ce scrobicule est circonscrit par
les nervures longitudinales et transversales, il a souvent un
aspect quadrangulaire.

NOTA. Schlechtendahl dit avoir vu des spores libres et
retenues dans les poils de cette espèce. De Candolle et Link
pensent que cet *erineum* a pour origine des poils transformés.

16. E. LANUGO, Schl. *in Linnæa*, I, p. 74.
*Hypophyllum (plerumque axillare) confluens, intercos-
tale subimmersum, floccosum, prius albidum, demum ferrugineum, floccis dense intricatis, filiformibus, varie curvatis, acutiusculis.*

Habitat in foliis Alni glutinosæ, Gærtn., *circa Berolinum*.
Nota. Diffère de l'*Erineum alneum* et de l'*Erineum alni-
genum* de Nées par le *facies*. Nous pensons que c'est là notre
Erineum axillare, trouvé dans les environs de Lille.

17. E. MAHALEBENSE, F.

*Hypophyllum; floccis abbreviatis, circa costam mediam
sitis; cæspitibus subaurantiacis, irregularibus.*
Habitat in foliis Pruni Mahaleb, L., *Europæ. Icon.*, pl. V,
fig. 3.

Microscope (voy. *E. semi-vestitum*, Fée) : Les membranes
sont plus fortement plissées.

Loupe et vue simple : Amas irréguliers de filamens courts,
de couleur jaune orangée, prenant ordinairement naissance
vers la nervure médiane; tantôt d'un seul côté et tantôt des
deux, et ne laissant aucune trace sur l'épiderme de la lame
supérieure qui les supporte.

18. E. MARGINALE, Schl. *in Linn.*, 1826, p. 75.

*Hypophyllum; subimmersum, marginem involvens, effusum
et marginale, sordide flavescenti-virescens; floccis filiformibus, acuminatis, rectis aut curviusculis.*
*Habitat in pagina inferiore foliorum Tiliæ europææ circa
Berolinum.*

Nota. Schlechtendahl regarde cette espèce comme distincte
des *Erineum tiliaceum* et *nervale*.

19. E MESPILINUM, D. C.

*Hypophyllum; cæspitibus effusis; floccis compressis, rufes-
centi-olivaceis.*
Habitat in foliis Mespili germanicæ, L., *Europæ*.

Nota. Fries (*Obs. myc.*, 1, 220), Schlechtendahl (*Mon.
Erin.*, n.° 2, p. 9), Kunze (*Mon.*, p. 172), affirment que ce
prétendu *erineum* est une galle; nous n'avons jamais vu
cette production.

20. E. PSEUDO-PLATANI, Kunze, Schmidt, *Myk. Hefte*, I, 84; *E. acerinum*, D. C., Enc. méth., VIII, p. 217; Hook., *Fl. scot.*, II, 34.

Hypophyllum; cæspitibus limitatis, profunde immersis; floc-cis primo albis, demum spadiceo-umbrinis, flexuosis, cla-vato-cylindricis.

Habitat in foliis Aceris Pseudoplatani, L., *Europæ.* (*V. v.*) Icon., pl. IV, fig. 5, *a*, *b*.

Microscope : Filamens larges, rubanés, un peu onduleux, plissés.

Loupe et vue simple : Groupes arrondis, parfois confluens, formés de poils très-rapprochés, enfoncés dans la feuille de manière à simuler des scrobicules; la partie opposée est fortement bombée et plus colorée que le reste de la feuille.

NOTA. Larves communes dans les filamens; elles sont dans un état d'intégrité assez remarquable et le microscope permet de préciser facilement leurs formes.

21. E. RHAMNI, Pers. *in* Litt.; Kunze, *Monogr.*, p. 172.

Hypophyllum; cæspitibus effusis, haud immersis; floccis laxis, compressis, curvatis, apice obtusis.

Habitat in foliis Rhamni cathartici, L., *in Gallia.* (*V. s.*) Icon., pl. III, fig. 4.

Microscope : Filamens intestiniformes, obtus et égaux vers les deux extrémités, incolores, renfermant des granules fort grosses, plus opaques que la paroi des membranes qui les renferment; celles-ci sont parfaitement pellucides.

Loupe et vue simple : Sorte de sommet de la même couleur que l'épiderme; forme irrégulière, poils déliés.

22. E. SINUCOLA, F.

Hypophyllum; cæspitibus tomentosis, crassis; floccis approxi-matis, in sinubus foliorum sitis, summitate pallidioribus.

Habitat in foliis Quercus pubescentis, Willd. (*V. s.*) Icon., pl. IV, fig. 4, *a*, *b*.

Microscope : Filamens larges, rubanés, vides, pellucides, assez fragiles.

Loupe et vue simple : Coussinets tomenteux, épais, de couleur rousse assez foncée ; poils rapprochés, décolorés vers le sommet, qui est aminci.

Nota. Il se fixe de préférence dans les sinus de la feuille: il se répand ensuite sur les autres parties de la lame, mais acquiert son plus grand développement vers la marge. Larves assez grosses, peu différentes de celles des *acer.*

23. E. SUBERINUM, F.

Hypophyllum; cæspitibus crassis, rotundatis, rubiginosis; floccis abbreviatis, intertextis.

Habitat in foliis Quercus Suberis ? L., *patria ignota.* (*V. s.*)
Icon., pl. IV, fig. 3, *a, b, c.*

Microscope : Filamens tortueux, colorés, fragiles, pellucides.

Loupe et vue simple : Coussinets épais, arrondis, couleur de rouille, épars sur la lame inférieure ; filamens feutrés, assez courts.

Nota. Cette production est dans un état avancé. Les filamens paraissent formés de faisceaux de filamens plus petits, qui se séparent avec assez de facilité. Est-ce un état de décrépitude ? Les poils de la feuille sont étoilés ; les groupes sont composés d'un nombre de rayons plus considérable que dans l'*ilex.*

24. E. TORMINALIS, F.

Hypophyllum; floccis demissis, longissimis, intricatis, effusis, pallide flavis, piliformibus.

Habitat in foliis Sorbi torminalis, Willd., *Europæ.* (*V. v.*)

Microscope : Longs filamens pellucides, montrant quelques traces des fluides qui les ont parcourus ; ils sont flexueux, amincis vers l'une des extrémités, incolores, étroits et semblables aux poils de certaines plantes.

Loupe : Poils couchés, d'une longueur considérable, comme feutrés, recouvrant la feuille presque en totalité et comme pourraient le faire certaines byssoïdées.

Vue simple : Taches de couleur jaune pâle, occupant surtout les lobes supérieurs de la feuille. On peut, en regardant avec une grande attention, voir distinctement les filamens.

Nota. Quoique cet *erineum* soit très-superficiellement situé, il tache néanmoins la lame de la feuille du côté opposé à celui qui le supporte; il envahit de très-larges espaces. Vus au microscope, les filamens se présentent sous le même aspect que ceux de l'*Erineum axillare.* (Cfr. pour la forme des filamens la planche I, fig. *a.*)

25. E. vitis, D. C., Fl. fr., II, 74; *Phyllerium vitis,* Fries, *Obs. myc.,* I, 219.

Hypophyllum ; cæspitibus effusis, subconfluentibus, crassiusculis, profunde immersis ; floccis intricatis, cylindricis, simplicibus subramosisque, apice obtusis, primo ex albido rubellis, demum spadiceis.

Habitat in foliis Vitis viniferæ Europæ. (*V. v.*) Icon., pl. 2, fig 3, *a, b, c.*

Microscope : Membranes larges, flexueuses, fragiles, ayant l'aspect de l'*Ulva intestinalis,* L., colorées, vides, ou bien montrant çà et là intérieurement des granules plus petites que le diamètre des membranules.

Loupe : Filamens simples, couchés et serrés.

Vue simple : Coussinets arrondis, difformes par confluence, recouvrant le limbe de la feuille presque entièrement et s'arrêtant aux nervures; d'abord roses, puis rouges, puis d'un rouge-brun foncé; déprimant fortement la feuille dans toutes les parties qui en sont chargées, vivant sur la lame inférieure, mais passant parfois sur le côté opposé par une sorte de luxuriance.

Nota. *Aphis* nombreux, assez gros, dont il est possible

d'apprécier les formes à la vue simple. Corps marqué d'anneaux transverses; tête munie d'antennes, des pattes, etc. (Voy. page 15 de ce Mémoire.) Quelques cryptogamistes ont observé cet *erineum* sur le *Vitis Labrusca*, L., de la Caroline, et sur le *Vitis laciniosa*, L.

γ. AMPHIGENA.

* Exotica.

26. E. CHRYSOPHYLLI, Schl., *Mon.*, p. 85.

Amphigenum; immersum, castaneo-fuscum; floccis congestis, rectiusculis, vix intricatis, planiusculis, apice acuminatis.
Habitat in foliis Chrysophylli microcarpi, Sw., *S. Domingo.*

27. E. GUAZUMÆ, F.

Amphigenum; cæspitibus rotundatis, regularibus, aliquando subconfluentibus, in scrobiculis sitis, rubiginosis.
Habitat in foliis Guazumæ ulmifoliæ Guadelupensis. Icon., pl. III, fig. 1, et pl. IX, fig. 2. (*V. s.*)

Microscope : Membranules de forme difficile à préciser, arrondies ou médiocrement alongées, souvent brisées, de couleur succin.

Loupe : Pulvinules ou coussinets formés de granulations serrées, d'une couleur de rouille foncée.

Vue simple : Amas très-nombreux, arrondis, assez réguliers, rarement confluens, déprimant l'épiderme et formant des scrobicules du côté opposé.

NOTA. Cette espèce semble naître dans le mésophylle; elle soulève et déchire l'épiderme des deux côtés; pourtant la rupture du tissu a lieu plus souvent vers la lame supérieure que vers l'inférieure. Le centre de la feuille nourrit moins d'*erineum* que les autres parties. Peut-être l'instrument vulnérant du petit insecte, cause déterminante de l'*erineum*, éprouve-t-il dans cette partie une plus grande résistance que dans les autres.

28. E. INCRUSTANS, Schl. *in. Linn.*, 1826, p. 235.

Amphigenum; superficiale, effusum, sæpe totam paginam obtegens, lanuginosum ex albido lutescens; floccis dense intertextis, cylindricis, obtusissimis, varie contortis flexisque, pellucidis, subseptatis.

Provenit in foliis Capparidis laurinæ (Schlechtendahl). (Cap, Afrique.)

Cette espèce a l'apparence d'un duvet épais et soyeux, d'une belle couleur dorée.

29. E. SACCATUM, F.

Amphigenum; cæspitulis aliquando prominentibus, in depressione foliorum sitis; floccis subsericeis, longissimis, crassis.

Habitat in foliis Davillæ flexuosæ; Bahiæ. (*V. s.*) *Icon.*, pl. II, fig. 2, et pl. VIII, fig. 1.

Microscope : Longs filamens pellucides, étroits, flexueux et contournés, pour la plupart vides.

Loupe et vue simple : Filamens roux, d'un aspect légèrement soyeux, longs, assez gros, distincts et feutrés, formant des taches irrégulières, épaisses, proéminentes, très-larges, déprimant fortement la feuille et donnant naissance à une sorte de petite pochette très-visible.

NOTA. Corps ovoïdes, articulés; nous n'osons décider s'ils appartiennent ou non à des insectes.

L'*Erineum saccatum* semble prendre un développement plus considérable vers le limbe de la feuille que vers le centre. (Voyez la note qui concerne l'espèce précédente, l'observation que nous faisons étant ici applicable.)

** *Indigena.*

30. E. ALNIGENUM, Kunze, *Monogr. cit.*, pag. 155; *E. alneum*, Nées d'Esenh.

Amphigenum; subpulvinatum, superficiale, ex albido demum

ferrugineum; floccis densissime intricatis, obtusis, varie tortis.

Habitat in foliis Alni incanæ, Willd., *Europæ septentrionalis.* (*V. s.*) *Icon.*, pl. II, fig. 4, *a — f.*

Microscope : Filamens (voyez *Erineum vestitum*, Fée).

Loupe : Amas de filamens déliés, très-rapprochés.

Vue simple : Coussinets épais de filamens situés entre les nervures secondaires et marchant parallèlement avec elles, faciles à détacher de l'épiderme, sur lequel elles laissent une tache, visible le plus souvent du côté opposé : leur forme est irrégulièrement ovoïde.

Nota. On trouve parmi les filamens des corps dont l'organisation est constante et fort bizarre; ils sont ovoïdes, terminés par une pointe qui simule une queue; ils ont des sortes d'antennes, et enfin des pattes; le corps est opaque, mais tous les appendices qui s'y rattachent sont pellucides, renflés vers la base et tubuleux. Il est bien difficile de se prononcer sur la nature de ces êtres : ils ne sont point analogues aux thèques. (Voyez la figure.)

Les poils de la feuille n'ont que la sixième partie environ du diamètre des filamens vus au microscope; ils ont une base et un sommet. Quoique les auteurs disent que cet *erineum* est hypophylle, je l'ai quelquefois observé sur la lame supérieure.

31. E. AUCUPARIÆ, Kunze, *Mon.*, *sp.* 40, p. 169.

Amphigenum; effusum, irregulare, tenue, superficiale; floccis flexuosis, compressis, obtusis, albis, exsiccatis flavescenti-rubellis.

Habitat in foliis Sorbi aucupariæ, L., *Europæ.*

32. E. BIFRONS, Le Pellet. S.-Farg. *in Herb. Merat.*

Amphigenum; cæspitibus pulvinatis, regularibus, ad bifurcationem nervorum nascentibus; floccis rufo-pallidis, radiantibus.

Habitat in foliis Tiliæ europææ, L. (*V. s.*)

Nota. L'origine animale de cet *erineum*, parfaitement caractérisé d'ailleurs, est facilement démontrée, et le microscope n'est point nécessaire. Une coupe horizontale montre à l'intérieur de ce gallinsecte une fossette avec des débris d'animaux.

33. E. NERVALE, Kunze *in Mon.*, p. 154.

Amphigenum (plerumque epiphyllum); superficiale, nervis insidens, oblongum, planiusculum, primo albidum, demum subviolaceum vel pallidum; floccis densissime intricatis, apicibus obtusis, incurvatis.

Habitat in foliis Tiliæ europææ, L.

34. E. PULCHELLUM, Schl. *in Linn.*, 1826, p. 75.

Amphigenum plerumque axillare aut nervale, parvum, maculiforme, suave rubens, dein fuscescens, pulvinatum; floccis cylindricis, obtusissimis, inæquilatis, varie tortis et curvatis rectisve.

Habitat in utraque pagina foliis Carpini Betuli, L., in Austria.

35. E. PYRINUM, Pers., *Disp. fung.*, 43, t. IV, fig. 1, *et* Auctor.

Amphigenum; effusum, sublaxum, superficiale, confluens, spadiceum.

Habitat in foliis Pyri communis, L. (*V. s.*) *Icon.*, pl. III, fig. 5, *a, b.*

Microscope : Filamens tubuleux, presque arqués, flexueux, pellucides, montrant une quantité assez notable de granules qui simulent des spores.

Loupe et vue simple : Pulvinules épais, envahissant de grands espaces de la feuille et parfois la couvrant en entier; poils visibles, dressés, comme tordus, pâles, puis rougeâtres, puis, enfin, couleur de rouille.

Nota. Nous l'avons trouvé sur les deux lames de la feuille du *Malus communis*, sur celles du *Malus acerba* et du *Prunus spinosa*; on le trouve aussi sur la lame inférieure du

Pyrus communis, et vraisemblablement sur plusieurs autres feuilles de rosacées.

36. E. RUBI, Pers., *Myc. eur.*, 1 ; Kunze, *Mon.*, p. 171 ; Pers., *Myc.*, I, p. 2.

Amphigenum; effusum, planiusculum, superficiale, ex albogriseo virens; floccis rectis, cylindricis, versus apicem attenuatis.

Habitat in foliis Rubi Corylifolii, L.*, et aliis speciebus.* (*V. s.*)

NOTA. Les filamens sont aciculaires, élargis vers la base et géminés; ils adhèrent très-fortement entre eux et ont la ténacité de la soie. Nous avons la certitude que les petits groupes de poils qui constituent cette production, sont des nids d'œufs d'araignée. (Voy. tab. II, fig. 1 pour la forme des filamens.)

37. E. SORBI, Kunze, *Mon.*, p. 159 ; *Phyllerium sorbeum*, Kunze et Schm., *Exc.*, n.° 159.

Amphigenum; cæspitibus subeffusis, haud immersis; floccis intricatis, cylindricis, apice subincurvis, obtusis; primo rubellis, tum fulvo-ferrugineis.

Habitat in foliis Sorbi aucupariæ, L.*, in Gallia et Germania.*

Icon., pl. III, fig. 2, *a*, *b*. (*V. s.*)

Microscope : Longs filamens, incolores quand la plante est jeune, colorés et jaunâtres dans la vieillesse, renfermant à peine des traces de matière granuleuse; ils sont égaux des deux bouts, diversement fléchis, quelquefois irréguliers et comme membraneux, assez larges et aplatis.

Loupe et vue simple : Amas de poils irréguliers, courts, assez gros, fixés surtout vers la marge de la feuille, et suivant souvent les nervures pour se diriger vers le centre, de couleur de rouille (rougeâtre), devenant plus foncée avec l'âge.

38. E. TILIACEUM, Pers., *Obs. myc.*, I, p. 25 ; *Syn. meth. fung.*, 700 ; *Myc. eur.*, I, 3 ; *E. tiliaceum*, Kunze, *Mon.*, p. 153.

Amphigenum ; cæspitulis pulvinatis, subrotundis, confertis, opace pallidis.

Habitat in foliis Tiliæ europææ, L. (*T. microphylla* et *platyphylla,* Vent.) *V. v. Icon.,* pl. I, fig. 1, *a, b, c, d, e.*

Microscope : Longs filamens flexueux, plus rarement roulés sur eux-mêmes, tubuleux, continus, renfermant çà et là des granules arrondies, opaques, jaunâtres.

Loupe : Filamens très-apparens, assez longs et comme feutrés.

Vue simple : Filamens visibles, formant des taches irrégulières, blanchâtres, parfois violâtres, éparses sur les deux lames, mais plus souvent sur la lame inférieure que sur la lame supérieure. Le côté opposé est légèrement convexe et coloré en rouge.

NOTA. Martini prétend avoir observé des spores dans cette espèce ; Schlechtendahl assure les avoir vus dans l'intérieur des filamens. Ces prétendus spores ne sont autre chose que des granules de matière végétale, semblable à celle que l'on voit dans les poils des plantes (cfr. p. 5).

39. E. TORTUOSUM, Grev., *Monogr.*, p. 74.

Amphigenum; maculiforme, irregulare subimmersum, alboferrugineum; floccis cylindricis tortuosis, apicibus rotundatis.

Habitat in foliis Betulæ albæ, L. (*Scotia*).

B. *Floccis elongatis subseptatis (septaria).*

α. HYPOPHYLLA.

* *Exotica.*

40. E. CROCEUM, F.

Hypophyllum ; cæspitibus sparsis, submarginalibus, inquinantibus; floccis plicatis, pellucidis.

Habitat in foliis Avicenniæ tomentosæ, L., *Guadelupensis.*
(*V. s.*) *Icon.*, pl. IV, fig. 6, et pl. IX, fig. 3.

Microscope : Membranes alongées, fortement plissées et
avec régularité, pellucides et jaunâtres.

Loupe : Filamens déliés, formant un groupe serré très-
peu proéminent.

Vue simple : Groupes de filamens arrondis, épars, peu
nombreux, paraissant se plaire près de la marge de la feuille,
tachant en brun le côté opposé de la lame.

NOTA. Le *tomentum* de la feuille, vu au microscope, se
présente sous la forme de petites membranes arrondies, plissées, ayant à peine dans leur plus grand diamètre celui des
filamens de l'*erineum.*

41. E. CALABÆ, Kunze, *Mon.*, p. 168 ; *Sporidesmium calabæ*, Spreng. *in* Litt.
*Hypophyllum ; maculare, oblongum, transversim positum,
profunde immersum, flavum ; floccis cylindricis, brevibus,
curvatis, versus apicem attenuatis, obsolete septatis.*
Habitat in foliis Calophylli Calabæ, L., *in Porto Ricco.* (*V. s.*)
Icon., pl. VII, fig. 4

Microscope : Filamens amincis légèrement vers les deux
extrémités, courbés ou arqués, parfois flexueux, de longueur
médiocre, divisés intérieurement en cloisons assez distinctes,
égales et nombreuses.

Loupe : Amas de filamens peu distincts, profondément im-
mergés.

Vue simple : Groupes de granulations de couleur de
rouille, marchant parallèlement dans le sens des nervures;
surface opposée, fortement bosselée; bosselures ovoïdes, plus
rarement arrondies.

NOTA. Les filamens sont parfaitement cloisonnés, et cette
circonstance explique comment Sprengel a pu chasser cette espèce du genre *erineum* ; on peut la regarder comme anomale.

42. E. CINCHONÆ, Schl., *Linnæa*, I, p. 236, 1826.

Hypophyllum; superficiale, maculiforme aut effusum, sordide e fuscescente helvolum; floccis flavidis, pellucidis, clavatis, pyriformibus aut turbinatis.

In foliis Cinchonæ cordifoliæ, Mut., *Peruvia.*

L'auteur dit que les filamens ont une apparence cloisonnée.

43. E. DOMBEYÆ, Schl., *Mon.*, p. 84; Kunze, *Mon.*, p. 161.

Hypophyllum; subrotundum, crassiusculum, planum, fusco-ferrugineum; floccis planiusculis, varie tortis, intricatis, subseptatis, apice æqualibus, obtusis.

Habitat in foliis Dombeyæ punctatæ, Cav., *ex insula Borbonensi.*

44. E. GENIPÆ, F.

Hypophyllum; cæspitibus ovoideis, irregularibus, subpulverulentis, pallidi-flavis; floccis subseptatis.

Habitat in foliis genipæ.... Cayennensis. (*V. s.*) *Icon.*, tab. XI, fig. 1.

Microscope : Membranes tubuleuses, larges, arquées, marquées de plis transverses, peu visibles, renfermant intérieurement des granules solides et opaques.

Loupe : Aspect granuleux, rappelant exactement celui des conceptacles de certaines fougères.

Vue simple : Amas pulvérulens d'un jaune pâle, de forme irrégulière, ovoïdes, alongés, situés au-dessous des nervures du côté du pétiole; le côté opposé n'est ni taché, ni impressionné.

45. E. MELASTOMATIS, Kunze, *Mon.*, p. 167.

Hypophyllum; orbiculare, pulvinatum, subconfluens, profunde immersum, primo ex albido-rubellum, demum rufo-spadiceum; floccis densissime intertextis, cylindricis, subramosis, torulosis, obsolete septatis.

Habitat in foliis Melastomatis prasinæ, Schw. (*V. s.*) *Icon.*, tab. V, fig. 6.

Microscope : Membranes intestiniformes., ondulées, longues , larges , plissées en travers, à plis rapprochés peu réguliers, jaunâtres, presque opaques.

Loupe : Filamens nombreux, assez longs, serrés, formant par leur rapprochement de larges amas qui remplissent les intervalles des nervures, sans se confondre complétement entre eux.

Vue simple : Groupes de filamens déprimant l'épiderme , de couleur de rouille et orbiculaires.

β. AMPHIGENA.

** *Exotica.*

46. E. SALVIANUM, F.

Amphigenum; cæspitibus pulvinatis, rotundis; floccis cinereis, intricatis, delicatulis.

Habitat in foliis Salviæ speciei lignosæ nondum descriptæ Capensis (V. s. in Herbario Meratiano.) Icon., pl. IX, fig. 4.

Microscope : Filamens pellucides ; étranglés d'espace en espace, mais non véritablement articulés; ils sont flexueux et ne renferment point de granules.

Loupe et vue simple : Coussinets formés de poils très-déliés et serrés, arrondis, proéminens, rapprochés sans confluence, de couleur grise jaunâtre.

C. *Floccis utriculariformibus* (*grumaria*).

α. EPIPHYLLA.

* *Exotica.*

47. E. BETULÆ RUBRÆ, F.

Epiphyllum; cæspitibus crassis, sordide pallidi-rubris; floccis pulverulentis.

Habitat in foliis Betulæ rubræ, Mich. Ex Herbario Michauxii. (V. s.) Icon., tab. VI, fig. 7.

Microscope : Membranes utriculiformes, à col large et long; ventre arrondi, ayant son plus grand diamètre transversalement; de couleur succin : elles sont plissées.

Loupe et vue simple : Amas épais de grosses granulations couleur rouge sale.

Nota. Peut-être n'est-ce là qu'une simple variété de l'*E. roseum ?*

** *Indigena.*

48. E. roseum, Schultz, *Starg.*, 506 ; *E. purpureum,* Fries, *Obs. myc.*, I, 221 ; *E. betulinum,* Pers., *Myc. eur.*, 6 (*partim*); *E. betulæ,* D. C., *Fl. gall.*, p. 15 (*partim*).
Epiphyllum; depressum, late et inæqualiter effusum, rufofuscum, primo viride sanguineo-purpureum.
Habitat in foliis Betulæ albæ, L., *et Betulæ pubescentis,* Ehr.
Europæ (*V. s.*) *Icon.*, tab. VI, fig. 2.

Microscope : Membranes utriculiformes, plus larges que dans les *erineum* de cette section; col court, mais assez gros.

Loupe : Aspect granuleux, grains assez gros et comme aplatis; ils sont étroitement rapprochés par plaques.

Vue simple : Plaques déprimées, irrégulières, effuses, superficielles, ne se décelant point sur la face opposée. Couleur rose très-prononcée; adhérence faible; l'épiderme, qui est débarrassé de cette production parasite, n'est point sensiblement altéré.

Nota. On trouve dans les utricules des corps ovoïdes, sans analogues : ils sont formés de trois parties distinctes, dont l'intermédiaire est pellucide.

49. E. effusum, Kunze, *Mon.*, p. 141.
Epiphyllum; late effusum superficiale, tenue, granulosum, primo pallide flavum, demum erubescens; floccis densis, clavato-capitellatis.
Habitat in foliis Aceris Monspessulani, L.

50. E. NERVISEQUUM, Kunze, *Mon.*, p. 143.

Epiphyllum; cæspitibus linearibus, nervisequis, haud immersis; floccis clavatis, pallide roseis.

Habitat in foliis junioribus Fagi sylvaticæ, L., *Europæ.*

Microscope : Membranes utriculiformes, quelquefois difformes, pellucides et incolores, assez grandes.

Loupe et vue simple : Granulations blanchâtres, appliquées contre les nervures latérales et souvent dans toute la longueur.

NOTA. Cette production diffère à peine de l'*E. fagineum*, Pers., dont elle n'est peut-être qu'un état peu avancé. Les caractères microscopiques sont les mêmes.

β. HYPOPHYLLA.

* *Exotica.*

51. E. BLAKEÆ, F.

Hypophyllum; cæspitibus subconfluentibus, rotundo-difformibus, granulosis, brunneo-rubris.

Habitat in foliis Blakeæ pulverulentæ, Vahl, *Guyanensis; ex* Poiteau. (*V. s.*) *Icon.*, pl. X, fig. 3.

Microscope : Voyez l'espèce n.° 58 ; pourtant les membranes sont moins évidemment plissées et plus irrégulières.

Loupe et œil nu : Amas de granulations, irrégulièrement arrondies, parfois confluens, de couleur brune rougeâtre : ils sont décolorés vers les points extrêmes de la circonférence et passent, mais rarement, par-dessus les nervures.

NOTA. Peut-être cette espèce n'est-elle qu'une simple variété de l'*Erineum tabacinum;* on voit hors des membranes des corps ovoïdes, amincis vers l'une des extrémités; sont-ce des insectes ?

52. E. BUCIDÆ, Kunze, *Mon.*, p. 148.

Hypophyllum; maculiforme, profundissime immersum, de-

4

mum granulosum, fusco-spadiceum; floccis capitellato-claviformibus, subramosis.
Habitat in foliis Bucidæ Buceratis, L., *ex America.*

53. E. COCCOLOBÆ EXCORIATÆ, F.

Hypophyllum; cæspitibus granulosis, irregularibus, de-pressis, atro-rubricosis.
Habitat in foliis Coccolobæ excoriatæ, L., *Domingensis; ex Herbario Meratiano.* (*V. s.*) *Icon.*, tab. V, fig. 9.

Microscope : Membranes élargies, d'une forme difficile à préciser, de couleur succinoïde, plissées et comme aplaties.

Loupe et vue simple : Masses formées de granulations plus ou moins rapprochées ; forme irrégulière, couleur rouge-brune, consistance assez grande ; adhérence considérable.

Nota. Cette production est ambiguë ; près des masses de granulations, qui chargent en grande partie la feuille, se trouvent des galles à sommet glabre, dont l'intérieur est plu-riloculaire.

54. E. ECASTOPHYLLI , F.

Hypophyllum; cæspitibus granuliformibus, effusis, latissi-mis; granulis subpulverulentis, sordide albidis.
Habitat in foliis ecastophylli Domingensis. (*V. s.*) *Icon.*, tab. X, fig. 1.

Microscope : Membranes à contours sinués, fortement plissées, jaunâtres.

Loupe et vue simple : Amas granuliformes, continus, n'affectant aucune disposition particulière et couvrant la feuille dans toutes ses parties.

Nota. Larves n'ayant que la moitié du diamètre de celles de la vigne, ovoïdes, terminées en pointe et offrant des rudi-mens de pattes.

55. E. EXTENSUM, Ach. *in* Fries, *Obs. myc.*, 1, p. 224.

Hypophyllum; conglomerato-serratum, convexum, crassius-culum, rufum; floccis minutis, vix distinctis.

Habitat in foliis arborum Guineensium.

56. E. QUERCINUM, Pers., *Myc. eur.*, I, p. 3; Kunze, *Mon.*, *sp.* 33.

Hypophyllum; subeffusum, laxum, immersum, L.*, isabel-lino-rufum; floccis subcompressis, elongatis, intricatis, apicibus rotundatis.*

Habitat in Quercus pubescentis, Willd. (Caroline supérieure.)

57. E. MYGINDÆ, F.

Hypophyllum; cæspitibus granulosis, subcoherentibus, rubiginosis, maculantibus, granis crassis.

Habitat in foliis Mygindæ ex Brasilia (Bahia). V. s. Icon., tab. X, fig. 2.

Microscope : Membranes très-fragiles, qui se présentent souvent brisées et indistinctes; elles sont larges et alongées, renflées vers le bas et pellucides.

Loupe et vue simple : Amas de granulations faiblement adhérentes, assez grosses; ces groupes sont arrondis et couleur de rouille. Ils tachent en brun le côté de la feuille qui leur est opposé.

58. E. TABACINUM, F.

Hypophyllum; cæspitibus pulveraceis, sparsis, ovoideis, tabacinis, superficialibus, confluentibus, latissimis.

Habitat in foliis Blakeæ triplinerviæ, Vahl, *Guyanensis.* (*V. s.*) *Icon.*, pl. VII, fig. 1.

Microscope : Voyez *E. fagineum.*

Loupe et œil nu : Amas de poussière de couleur de tabac d'Espagne, épars, ovoïdes, s'appuyant contre les nervures, irréguliers par confluence, ne laissant aucune trace sur le côté opposé de la feuille.

59. E. VIOLACEUM, Schl. *in Linn.*, 1829, p. 515.

Hypophyllum; subnervisequum, rotundatum, violaceo-rufum; floccis erectis, curvatis interdum ramosis, oblique clavatis, extremitatibus superioribus globoso-rotundatis.

In foliis Melastomatis ex America australe.

Schlechtendahl dit que cette espèce est voisine des *taphria*. Nous la plaçons avec doute dans cette section ; c'est peut-être un *phyllerium*.

60. E. SEPULTUM , Kunze, *Exsicc.*

Hypophyllum rotundato-oblongum, ferrugineum ; cæspitibus subconfluentibus, profundissime immersis ; floccis stipitatis, infundibuliformibus, apice dichotomo-ramosis, ramulis obtusis.

Habitat in foliis Lauri Canariensis, Willd. (Madère). (*V. s.*) *Icon.*, tab. X, fig. 2.

NOTA. M. Kunze, à qui nous devons cet *erineum*, en fait un *grumaria ;* c'est à grand'peine qu'on peut voir le renflement de la base des granulations. Il renferme un grand nombre de larves.

** *Indigena.*

61. E. ACERINUM, Pers., *Disp. meth.*, 43 ; *Syn. fung.*, 700 ; *E. platanoides,* Pers., *Myc. eur.*, I, p. 5 ; *Phyllerium acerinum,* Fries, *Obs. myc.*, I, 218.

Hypophyllum ; superficiale, passim immersum, cæspitulis variis, primo pallidis (roseis albidisque) dein spadiceis.
Habitat in foliis Aceris platanoidis, L. (*V. v.*) *Icon.*, tab. V, fig. 8.

Microscope : Membranes irrégulièrement utriculiformes, plissées, pellucides, fléchies diversement ; quelques-unes sont tubuleuses.

Loupe : Amas de granulations ayant l'aspect des conceptacles de fougères

Vue simple : Groupes irréguliers, assez larges, présentant un aspect velouté, communément fixés à l'aisselle des nervures secondaires, de couleur de rouille foncée ; les granulations sont caduques et laissent des portions de l'épiderme dénudées, tachées en jaune fauve ; ces taches ne se font point voir à la partie inférieure de la feuille.

Nota. Les insectes sont nombreux, distincts ; leurs pattes sont articulées : ils ne diffèrent pas de ceux de l'*E. vitis;* mais ils sont plus courts.

62. E. ALNEUM, Pers., *Syn.*, p. 701 ; D. C., Fl. fr., II, 593 ; excl. synon.; *Mucor ferrugineus,* Bull., p. 108, *ad part.,* tab. 504, fig. 12.

Hypophyllum; cœspitibus subeffusis, sœpe confluentibus, crassiusculis, subimmersis; floccis stipitatis, primo ex albo-flavescentibus, demum fulvo-ferrugineis, simplicibus, ra-mosisve, apice tuberculosis, pluribus capituliformibus, sti-pite tenui, longiusculo.

Habitat in foliis Alni glutinosœ, Gærtn., *Europœ.* (*V. v.*)

Icon., tab. VI, fig. 4.

Microscope : Membranes de forme difficile à préciser, irrégulièrement lobées, renflées inférieurement, fragiles, plissées et de couleur succin.

Loupe : Amas de granulations, semblables à des parcelles de cassonnade rouge, un peu déprimées, rapprochées et grossières.

Vue simple : Groupes simulant de la sciure de bois, irré-gulièrement arrondis, naissant au centre des nervures, qu'ils n'atteignent presque jamais; ils dépriment l'épiderme; celui-ci est inférieurement bosselé et taché en brun violet.

Nota. Les membranes sont polymorphes; nous les avons vues, dans une espèce, semblables à certains *cactus* ou à des *collema.* On le trouve parfois sur la lame supérieure.

63. E. AMYGDALINUM, Duby, *Fl. bot. gall.,* II, 912.

Hypophyllum rarius epigenum; cœspitibus rotundis, effusis-que, pulvinatis aut immersis; filamentis densis oblongo-clavatis aut pyriformi-clavatis, primo pallidis, demum intense purpureis, stipite tenui, longiusculo.

Habitat in foliis Amygdali communis, L. (*V. s.*) *Icon.,* tab. VI, fig. 3.

Microscope : Membranes utriculiformes, plus petites que dans l'espèce précédente; col assez étroit; base souvent bi-ou trilobée ; granules nombreuses, rondes, rapprochées par deux, trois ou quatre.

Loupe et vue simple : Amas de granulations, d'un rouge-brun, difformes, laissant libre la nervure médiane et donnant lieu aux mêmes remarques que l'*E. padinum.*

Nota. On le trouve sur la lame inférieure de l'*Amygdalus communis*, L. (Vosges). Peut-être n'est-ce qu'une simple variété de la précédente espèce.

64. E. betulinum, Schum., *Fl. sœl.*, II, 445 ; *E. betulæ*, D. C., Fl. fr ; *Synops.*, p. 15 *ad partim.*
Hypophyllum; cæspitibus effusis; floccis compressis ex rufescenti olivaceis.
Habitat in foliis Betulæ albæ, L., *in Gallia. (V. s.) Icon.,* tab. VI, fig. 2.

Microscope : Membranes pellucides, minces, jaunâtres, de dimensions assez considérables, fortement renflées vers l'une des extrémités, qui est comme bilobée; l'extrémité supérieure est fort longue.

Loupe et vue simple : Sorte de feutre court, serré, formant des amas ovoïdes, rougeâtres, épars, peu nombreux.

Nota. Les amas de granulations déterminent des bosselures sur le côté opposé.

65. E. fagineum, Pers., *Obs. myc.*, II, 102 ; *E. lacteum*, Fries, *Obs. myc.*, II, 371. (*Statu juventutis.*)
Hypophyllum; cæspitulis immersis, confertis, subrotundis, obscure badiis.
Habitat in foliis Fagi sylvaticæ, L. (*V. s.) Icon.,* tab. V, fig. 1.
Var. *a. E. purpureum*, D. C., Fl. fr., II, 592; Pers., *Myc. eur.*, 1, 8.
Cæspitibus subrotundis, ovalibusque; floccis albidis, tum ferrugineo-spadiceis.

Microscope. (Voyez la variété suivante.)

Loupe : Granulations écartées, donnant aux amas fixés sur la feuille un aspect presque réticulé : ils sont çà et là décolorés.

Œil nu : Taches rouge-pourpre pâle, peu adhérentes, plus irrégulières que dans le type, mais paraissant aussi se plaire près de la marge; elles tachent le côté opposé de la feuille.

Var. *b. E. pallidum*, D. C., Fl. fr., II, 592.

Hypophyllum; cæspitibus subrotundis ovalibusque; floccis albidis tum ferrugineo-spadiceis.

Microscope : Membranes utriculiformes, montrant une sorte de bec assez court et assez gros ; elles sont vides et fortement plissées.

Loupe : Amas de granulations de couleur fauve.

Œil nu : Sortes de taches un peu proéminentes, situées entre les nervures à une distance assez considérable de la nervure médiane; elles sont ovoïdes et alongées dans le sens des nervures secondaires; la partie opposée de la feuille est légèrement tachée en brun.

66. E. ILICINUM, D. C., *Syn. Fl. gall.*, p. 15 ; *Phyllerium Dryinum*, Schl., *Mon. erin.*, p. 13.

Hypophyllum; cæspitibus effusis, haud immersis; floccis intricatis, filiformibus tortis, apice subattenuatis, primo albidis, demum ex rufo-spadiceis.

Habitat in foliis Quercuum foliis persistantibus Europæ australis. (*V. s.*) *Icon.*, tab. V, fig. 7.

Microscope : Membranes sous-utriculiformes, quelquefois pyriformes, pellucides et de couleur succin; elles sont plissées et offrent çà et là dans leur intérieur quelques grains de matière opaque.

Loupe et œil nu : Amas de filamens roux, d'un aspect tomenteux, arrondis, confluens et très-fragiles.

NOTA. Les poils blanchâtres qui recouvrent les feuilles sont étoilés et présentent six à huit branches alongées, pellucides, tubuleuses, qui partent d'une base arrondie plus opaque.

67. E. LUTEOLUM, Kunze, *Mon.*, p. 140, esp. 10 ; Fries, *Obs. myc.*, II, 372 ; *E. acerinum*, Pers., *Myc. eur.*, I, 6.
Hypophyllum ; cæspitibus limitatis, tenuibus, haud immersis; floccis primo luteolis, dein purpurascentibus, demum badiis, irregulariter clavato-cupulatis.
Habitat in foliis Aceris opulifolii, Vill., *Europæ.* (*V. s.*)
Icon., tab. VI, fig. 1.
Microscope : Membranes utriculiformes, petites ; col alongé, à ventre élargi, presque pellucides.
Loupe et vue simple : Amas arrondis de granulations jaunâtres, en petit nombre et épars.
NOTA. On trouve cet *erineum* sur la lame inférieure de la feuille de divers *acer* d'Europe; nous décrivons cette production sur celle de l'*A. saccharinum*, L., de l'Amérique septentrionale.

68. E. OXYACANTHÆ, Pers., *Myc. eur.*, p. 7 ; *E. clandestinum*, Grevill., Monogr. citée.
Hypophyllum ; cæspitibus sublinearibus effusisque confluentibus, margine folii revoluta obtectis; floccis brevibus ovatis, subcapitulis clavatisque, primo albo-roseis, demum dilute ferrugineis.
Habitat in foliis Cratægi Oxyacanthæ, L., *Europæ.* (*V. v.*)
Icon., tab. III, fig. 3, *a*, *b*.
Microscope : Membranes larges, courtes, parfaitement pellucides, sans col apparent, point de granulations.
Loupe et vue simple : Aspect particulier, sans analogues parmi les *erineum*. La feuille est légèrement roulée vers la marge, de dessus en dedans; elle ressemble dans cet état à certains *adiantum*, sauf la présence des nervures; quand on déroule la feuille avec soin, on découvre des filamens d'un blanc rose, puis ferrugineux : on pourrait sans inconvénient le placer parmi les *phyllerium.*

Nota: Cette espèce, que nous avons vue vivante, nous a montré des larves alongées, à anneaux nombreux, munies de pattes et de courtes antennes.

69. E. PADINUM, Duv., *Ind. pl. berol.*, pl. 39, n.° 1572; Alb. et Schw., *Ansp. fung.*, p. 371; *Rubigo padi*, Martius, *Fl. crypt. Erl.*, 348.

Hypophyllum, cæspitibus limitatis, planis; floccis stipitatis, clavatis, apice impressis, marginem versus constrictis, primum albido-griseis, dein croceo-ferrugineis.

Habitat in foliis Pruni Padi, L., *Europæ.* (*V. s.*) *Icon.* (Voy. *E. amygdalinum*, n.° 63.)

Microscope : Membranes utriculiformes, assez larges, à col long et large, à base arrondie, non lobée, couleur succin.

Loupe et vue simple : Granulations disposées par amas épais, roses, orangés, puis pourpre-noir; ils n'ont qu'une faible adhérence, et le moindre frottement suffit pour les détacher; cependant l'épiderme est altéré et montre évidemment les points vers lesquels adhéraient les granulations.

70. E. PLATANOIDEUM, Fries, *Obs. myc.*, p. 224; *E. curtum*, Grev., *Mon.*, t. III, fig. 13.

Hypophyllum; cæspitibus latissimo effusis, tenuibus, haud immersis; floccis primo pallidis, tum intensius flavis, deinque rubiginosis, globoso-cyathiformibus cupulatisve, stipite brevissimo.

Habitat in foliis Aceris platanoides, L., *Europæ.* (*V. s.*) *Icon.*, tab. VI, fig. 6.

Microscope : Membranes ovoïdes, un peu amincies vers l'une des extrémités, mais dépourvues de col; ces membranes sont incolores et plissées; il y a des granules.

Loupe et vue simple : Taches légèrement duveteuses, envahissant de très-grands espaces; couleur grise blanchâtre.

Nota. Nous avons fait notre diagnose sur un individu jeune. Kunze dit que cet *erineum* passe au jaune vif, puis à la couleur de rouille.

71. E. PURPURASCENS, Gærtn. *in* Rohl., *Fl. germ.*, III, 357; *E. acerinum*, Fries (*Teste* Kunze, *Mon.*, p. 139); D. C., Fl. fr., II, 73, excl. synon.

Hypophyllum; late effusum, subimmersum, primo albidum, demum purpurascenti-tabacinum; floccis infundibuliformis.

Habitat in foliis Aceris campestris, L. (*V. s.*) *Icon.*, tab. VI, fig. 1.

Microscope : Membranes utriculaires, à bec étroit et alongé, pellucides et médiocrement plissées.

Loupe et vue simple : Amas de granulations, naissant presque toujours loin de la nervure médiane; de couleur variable, gris-fauve, pourpre ou rose, suivant l'âge; adhérence très-faible, point de taches à la partie opposée, station superficielle.

72. E. PYRACANTHÆ, D. C., Fl. fr., supp., 13.

Hypophyllum; cœspitibus effusis, haud immersis; floccis purpureis, subdifformibus; capitulis dilatatis.

Habitat in foliis Mespili Pyracanthæ, L., *in Gallia. Icon.*, pl. V, fig. 5. (*V. s.*)

Microscope : Membranes arrondies, plissées comme dans les nostochs, terminées par un col très-apparent, plus court que dans les *puccinia*, mais analogue.

Loupe : Groupes de granulations peu adhérens.

Vue simple : Amas d'apparence pulvérulente, arrondis, difformes par confluence, couleur lie de vin, envahissant parfois complétement la feuille.

NOTA. Insectes ovoïdes, à extrémité tronquée, à tête munie d'antennes; offrant à la base du tronc deux points presque pellucides et arrondis; ils sont nombreux et renfermés dans une enveloppe qui semble faire l'office d'une sorte de petite matrice.

Dubia.

NOTA. Les productions végétales dont suit la liste sont très-obscures : les unes, mieux connues, devront figurer parmi les champignons; les autres devront disparaître tout-à-fait du catalogue des êtres organiques, dont elles sont des ébauches imparfaites.

73. E. ARTICULATUM, D. C.

On pense que cet *erineum* n'est autre chose qu'une *cladosporium*.

74. E. ATRIPLICINUM, Nest. in *Herb. Willd.*

Hypogenum; cæspitibus limitatis; floccis septatis, æquatis, obtusis, albidis.

Habitat in foliis Atriplicis hortensis, L., in Alsatia. Icon., tab. VI, fig. 13.

Cette plante est une mucédinée; on voit au milieu de filamens pellucides des petites spores ovoïdes et pellucides.

75. E. CUCURBITÆ, Briganti.

Ce prétendu *erineum* est une des nombreuses mucédinées qui se développent sur le fruit des cucurbitacées en décomposition.

76. E. GEI, Fries, *Obs. myc.*, 1, p. 200.

Floccis subliberis, tenuissimis, rectiusculis, filiformibus, albidis.

Habitat in foliis Gei rivalis, L., in Suecia.

Production obscure; nous l'avions récoltée il y a plus de vingt ans près de Phalsbourg (Meurthe).

77. E. GERANII, Schw.

Cette production ne m'est pas connue; sa station sur les feuilles d'une plante herbacée me fait douter qu'elle puisse rester dans les *erineum*.

78. E. HYDROPIPERINUM, Schw.

Même observation que dessus.

79. E. MENTHÆ, Req. *in* Duby, II, p. 910, *sp.* 12.

Cæspitibus late effusis, confluentibus, crassis, non immersis; filamentis ex albo-lutescentibus, intricatis, filiformibus, simplicibus, septatis, mox dilatatis, mox constrictis, subulatis.

Habitat in foliis Menthæ.....

80. E. PETROSELINI, Lenorm. *in* Duby, II, p. 910, *sp.* 13.

Hypogenum; cæspitibus late effusis, haud immersis, laxis; filamentis laxis, cylindricis, ramosissimis, ramis divaricatis aut contractis, apice subincrassatis, albidis.

Habitat in foliis Apii Petroselini, L.

81. E. POTERII, Req. *in* Duby, II, p. 910, *sp.* 11.

Cæspitibus effusis, bifrontibus, subconfluentibus, crassis, non immersis; filamentis ex luteo fulvis, intricatis, filiformibus, simplissimis, cylindricis, non septatis, subulatis.

Habitat in foliis Poterii Sanguisorbæ, L.

82. E. QUERCINUM, Schw.

On pense que cette production est une tremelle.

83. E. QUERNUM, Schl.

C'est un gallinsecte.

84. E. RIBIUM, Schl. *in Linn.*, I, p. 76.

Hypophyllum; immersum, bullis profundis, effusum, laxe dispositum, ex lutescenti-virescens; floccis sparsis, tubulosis, basi dilatatis, apice cernuis.

Habitat in foliis Ribis rubri, L., Europæ.

NOTA. Nous pensons avec l'auteur que cette production est une fongosité.

Nous manquons de renseignemens précis sur les espèces suivantes, qui sont peut-être de véritables *erineum.*

85. E. INTERCOSTALE, Weigelt; cfr. Fries, *in Myc. eur.*, III, 522.

86. E. PASSIFLORÆ LUTEÆ, Schw.

87. E. PAMPINEUM, Brig., *an E. vitis?*

II. PHYLLERIACEÆ SPURIÆ.

Cronartium , Fries, *Observ. mycol.*, p. 220; Kunze et
Schm., *Mykol. Heft*, II, p. 98, t. 2 , fig. 7; Duby,
Bot. gall., 909; *Erinei sp.*, Willd.; Funke, *Crypt.
exsicc.*, n.° 145; *Cæomæ spec.*, Link, *sp. pl.* 6, 2,
pl. 65.

*Tubi (pseudo-peridia?) celluloso-membra-
nacei, tortuosi, rigidi, colorati, ex epi-
dermidis tubis erumpentes, sporidiæ nullæ.*
Kunze , *emend.*

1. Cronartium vincetoxici, Fries, *Phyllerium asclepia-
dum*, Opiz ; *Erineum asclepiadeum*, Funk, *Krypt. Gew. des
Fichtelg.*, VI, 145 ; *Cæoma cronartites*, Link., *loc. cit.*
*Hypophyllum ; filamentis elongatis, incurvatis, dilute fuscis,
tuberculo minimo.*
Habitat in foliis Asclepiadis Vincetoxici, L. *Icon.*, tab. VI,
fig. 8.

Microscope : Filamens opaques, roides, formés de tubes
étroitement unis.

Loupe et vue simple : Filamens de grandeur diverse, à
base bulbeuse, réunis par petits groupes sur la lame inférieure de la feuille, qu'ils tachent ou dépriment légèrement à la
partie opposée. Ils sont couchés dans l'état de dessiccation et
prennent un aspect gélatineux quand on les humecte, sans
se redresser sensiblement. Lorsqu'ils ont atteint leur plus
grande dimension, la base n'est plus bulbeuse.

(Cfr. sur le mode d'accroissement de cette production la
page 25 de ce mémoire.)

2. Ch.? populinum , F.; *Erineum populinum*, Pers. , *Obs.
myc.*, 1, p. 100, syn. 700; D. C., Fl. fr. , 15.

*Hypophyllum; cæspitibus limitatis conglomeratisque, im-
mersis; filamentis minutis, crassis, irregularibus, apice subramosis, erosis, primo pallidis, dein rufescentibus, demum
sordide spadiceis, stipite brevi-crasso.*
*Habitat in foliis Populorum, præsertim P. Tremulæ, L.,
Europæ. (V. v.) Icon.,* tab. VI, fig. 9.
Microscope: Masses irrégulières, amorphes.

Loupe : Expansions alongées, aplaties, disposées en amas
assez gros, reposant sur un épaississement de la feuille, qui
est lacuneux.

Vue simple : Groupes de granulations décolorées vers le
sommet, peu nombreuses, distinctes, alongées, enfoncées
dans l'épiderme, déprimé de manière à former des fossettes
visibles sur le côté opposé; celui-ci est bosselé et maculé.

Nota. Cette production demande à être mieux connue;
elle est plus voisine des *cronartium* que des *erineum*.

3. Cr. TUBERCULATUM, Schlecht. *in Linn.*, 1826, p. 77.
*Amphigenum; profunde immersum, maculiforme, densum,
sordide cinnamomeum; floccis subopacis, irregularibus,
tuberculato-clavato-capitatis.*
In foliis Qualeæ cordatæ... e Brasilia.

Schlechtendahl déclare que cette espèce est voisine de l'*erineum (cronartium) populinum.*

APPENDIX.

Ad fungos rejiciendum esse debet

Genus Taphria, Fries, *Obs. myc.*, I, 207, et II;
Erinei spec. Auct.

1. TAPHRIA AUREA, Fries, *loc. cit.; Erineum aureum
Auct. fere omnium; E. populinum,* Schum., *Fl. sæl.*, II, 446.
*Hypophyllum; filamenta minutissima, ovoidea, granuli-
formia; sporæ? subrotundæ, atomisticæ.*

Habitat in foliis Populi fastigiatæ, Poir. *Icon.,* tab. VI, fig. 10.

Microscope : Tissu cellulaire de forme difficile à déterminer, dans lequel on trouve des corps ovoïdes, hyalins (globuline?).

Loupe : Granulations qui semblent reposer sur une tache mucilagineuse.

Vue simple : Taches jaune-dorées, éparses, arrondies, reposant sur une dépression de l'épiderme visible du côté opposé, qui est taché en jaune pâle.

2. T. BADIUM, Kunze, *Mon.*, *sp.* 3.
Hypophyllum ; pustulæforme, superficiale, subgrumosum, badium ; floccis minutissimis-oviformibus, clavatis.
Habitat in foliis Alni glutinosæ, Gærtn.

3. T. CASSIÆ, Pers., *Myc. eur.*, 1, p. 9, *sp.* 26.
Angustum, nervisequum, flavescens.
Habitat ad latera venarum foliis Cassiæ Marylandicæ, L.

4. T. GRISEA, Pers., *Myc. eur.*, 1, p. 8, *sp.* 24.
Hypophyllum ; superficiale, tenuissimum, orbiculare, plerumque effusum, griseo-cinereum
Habitat in foliis Aceris platanoidis, L., *et Quercuum. Icon.,* tab. VI, fig. 11.

5. T.? HYPERICI, Pers., *Myc. eur.*, 1, p. 9, *sp.* 27.
Effusum, tenue, lutescens.
Habitat in foliis Hyperici Nummulariæ, L.

6. T. LEPROSA, Pers., *Myc. eur.*, 1, p. 8, *sp.* 25.
Late crustaceum, compactum, tenue, villosum, flavescens.
Habitat in foliis quercuum. Icon., tab. VI, fig. 12.

7. T. PALLIDUM, Kunze *in Monogr.*, *sp.* 4.
Hypophyllum ; effusum, superficiale, grumosum, pallidum ; floccis minutis, subpyriformibus.
Habitat in foliis Avicennia... Domingensis.

§. IV.

Indices.

I.

Arbres et plantes ligneuses sur les feuilles desquels on trouve les vraies phylleriées.

Acer campestre, L. Europe; esp. 71.
— *eriocarpon*, Mich. Esp. 62.
— *monspessulanum*, L. Europe; esp. 49.
— *opulifolium*, Vill. Europe; esp. 67.
— *platanoides*, L. Europe, esp. 61, 70.
— *pseudo-platanus*, L. Europe, esp. 20.
— *saccharinum*, L. Amérique septentrionale, esp. 67.
Aceris spec. Esp. 67.
Achras... Cayenne; esp. 1.
Alnus glutinosa, Gærtn. Esp. 16, 62. Europe.
— *incana*, Willd. Europe septentrionale; esp. 30.
— *viridis*, Vill. France; esp. 13.
Amygdalus communis, L. Vosges; esp. 63.
Avicennia tomentosa, L. Guadeloupe; esp. 40.
Betula alba, L. Esp. 39, 48, 64.
— *pubescens*, Ehrh. Europe; esp. 48.
— *fruticosa*, Pall. Europe; esp. 48.
— *rubra*, Mich. Amérique septentrionale; esp. 47.
Bignonia pentaphylla, L. Jamaïque; esp. 4.
Blakea triplinervia, Vahl. Guyane française; esp. 58.
— *pulverulenta*, Vahl. Cayenne; esp. 51.
Bucida Buceras, L. Amérique méridionale; esp. 52.
Calophyllum Calaba, L. Porto-Rico; esp. 41.
Capparis laurina, Schl. Cap de Bonne-Espérance; esp. 28.
Carpinus Betulus, L. Autriche; esp. 34.
Celastrus.... Cap de Bonne-Espérance, esp. 5.

Chrysophyllum microcarpum. Saint-Domingue; esp. 26.

Cinchona cordifolia. Pérou; esp. 42.

Clistranthus, Poit., *ined.* Cayenne; esp. 10.

Coccoloba excoriata. Saint-Domingue; esp. 53.

Corylus Avellana. France et Allemagne; esp. 14.

Cratægus Oxyacantha. Europe; esp. 68.

Davilla flexuosa. Bahia; esp. 29.

Dombeya punctata. Ile Bourbon; esp. 43.

Ecastophyllum. Saint-Domingue; esp. 54.

Eugenia punctata. Guadeloupe; esp. 11.

Fagus sylvatica. Europe; esp. 4, 50, 65 et ses variétés.

— *sylvatica*, var. *sanguinea*; esp. 65, var. *a.*

Genipa.... Cayenne; esp. 44.

Grewia.... De l'Inde; esp. 2.

Guazuma ulmifolia. Guadeloupe; esp. 27.

Juglans regia. Europe; esp. 15.

Laurus canariensis. Madère; esp. 60.

Melastoma prasina. Esp. 45.

Melastoma.... Amérique méridionale; esp. 59.

Mespilus germanica. Europe; esp. 19.

— *pyracantha.* France; esp 72.

Myginda. Brésil; esp. 57.

Prunus Mahaleb. Europe; esp. 17.

— *Padus.* Europe; esp. 69.

— *spinosa.* Europe; esp. 35.

Pyrus communis. Europe; esp. 35.

— *Malus, culta et sylvestris.* Europe; esp. 35.

Quercus cinerea. Amérique septentrionale; esp. 8.

— *fastigiata?* Esp. 12.

— *Ilex.* France australe (Europe); esp. 66.

— *pubescens.* Esp. 22, 56.

— *Suber?* Esp. 23.

— *tinctoria.* Amérique septentrionale. Esp. 9.

Qualea.... Du Brésil; esp. 7.

Rhamnus catharticus. France; esp. 21.

5

Rubus corylifolius et aliæ species. Europe ; esp. 36.
Salvia.... Cap (Afrique) ; esp. 46.
Sorbus aucuparia. Europe ; esp. 31, 37.
— *torminalis.* Europe ; esp. 24.
Tilia vulgaris. Europe ; esp. 18, 32, 33, 38.
Vitis vinifera. Europe ; esp. 25.
— — *laciniosa. Idem.*
— *Labrusca.* Caroline. *Idem.*
..... Arbre inconnu du Brésil. Esp. 3.
..... Arbres de Guinée. Esp. 55.

II.

Familles naturelles dicotylédones, dont les genres fournissent des feuilles érinéifères.

Acerinées. Esp. 20, 49, 61, 67, 70, 71.
Amentacées. Esp. 4, 8, 9, 12, 13, 14, 16, 22, 23, 30, 34, 39, 47, 48, 50, 56, 62, 64, 65, 66.
Bignoniacées. Esp. 5.
Byttnériacées. Esp. 27.
Capparidées. Esp. 28.
Célastrinées. Esp. 6, 57.
Dilléniacées. Esp. 29.
Dombeyacées. Esp. 43.
Éléagnées. Esp. 52.
Guttifères. Esp. 41.
Juglandées. Esp. 15.
Labiées. Esp. 46.
Laurinées. Esp. 60.
Légumineuses. Esp. 54.
Mélastomées. Esp. 45, 51, 58, 59.
Myrtées. Esp. 11.
Polygonées. Esp. 53.
Rhamnées. Esp. 21.
Rosacées. Esp. 17, 19, 24, 31, 35, 36, 37, 63, 68, 69, 72.

Rubiacées. Esp. 42 , 44.
Sapotées. Esp. 1 , 26.
Sarmentacées. Esp. 25.
Tiliacées. Esp. 2, 18, 32, 33, 38.
Viticées. Esp. 40.
Vochysiées. Esp. 7.

III.

Plantes sur les feuilles desquelles de fausses phylleriées ont été indiquées.

Acer platanoides. Europe; *Taphria*, espèce 4.
Alnus glutinosa. Europe; *Taphria*, esp. 2.
Apium Petroselinum. Érin. dout., esp. 80.
Asclepias Vincetoxicum. Europe; *Cronartium*, esp. 1.
Atriplex hortensis. Europe; esp.? 74.
Avicennia.... Saint-Domingue; *Taphria*, esp. 7.
Cassia Marylandica Jardins d'Europe; *Taphria*, esp. 3.
Cucurbita.... Europe; Érin. dout., esp. 75.
Geranium.... Érin. dout., esp. 77.
Geum rivale. Suède; Érin. dout., esp. 76.
Hypericum Nummularia. Europe; *Taphria*, esp. 5.
Mentha.... Europe; Érin. dout., esp. 79.
Passiflora lutea. Érin. dout., esp. 86.
Polygonum hydropiper. Europe; esp. 78.
Populus fastigiata. Europe; *Taphria*, esp. 1.
Populus Tremula et aliæ spec. Europe; *Cronartium*, esp. 2.
Poterium Sanguisorba. Érin. dout., esp. 81.
Qualea cordata. Brésil; *Cronartium*, esp. 3.
Quercus Robur. Europe; *Taphria*, esp. 4 , 6.
Ribes rubrum. Europe; esp. 84.

IV.

Géographie des erineum.

Europe, 40 espèces.

France : esp. 13, 21, 32, 63, 64, 72.

Berlin : esp. 16, 18.
Autriche : esp. 34.
Écosse : esp. 39.
Europe, sans désignation de localité particulière : esp. 4, 12?
14, 15, 17, 19, 20, 22, 23? 24, 25, 30, 31, 33, 35,
36, 37, 38, 48, 49, 50, 61, 62, 65, 66, 67, 68, 69, 70, 71.

Asie, 2 espèces.

Indes : esp. 2, 52.

Afrique, 6 espèces.

Guinée : esp. 55.
Ile de Bourbon : esp. 43.
Cap de Bonne-Espérance : esp. 6, 28, 46.
Madère : esp. 60.

Amérique, 25 espèces.

Amérique méridionale : esp. 52, 59.
Brésil : esp 3, 7, 29, 57.
Pérou : esp. 42.
Guiane française : esp. 51, 58.
Cayenne : esp. 1, 10, 44.
Jamaïque : esp. 5.
Guadeloupe : esp. 11, 27, 40, 45.
Porto-Rico : esp. 41.
Saint-Domingue : esp. 26, 53, 54.
Amérique septentrionale : esp. 8, 9, 47.
Caroline du Sud : esp. 56.

NOTA. Quand un arbre est indigène de plusieurs régions ou qu'il
y est naturalisé, il peut fournir les mêmes espèces d'*erineum*. Ainsi
la France, l'Autriche, l'Italie, etc., possèdent les mêmes *erineum*,
à l'exception de ceux qui se fixent sur les feuilles d'arbres à localités restreintes ; tels sont les *Quercus Ilex, Suber*, etc.

Concordance synonymique servant de table.

CRONARTIUM , Fries.
C. *populinum*, Peis. (pag. 61).
C. asclepiadeum, Fries (pag. 61).
C. *tuberculatum* Schl. (pag. 62).
C. *vincetoxici*, Schub. Voy. C. asclepiadeum , Fries.

ERINEUM , *Auct. emend.*
E. *acerinum*, Pers., Fries, *subphyllerio* (pag. 52).
E. acerinum, *Auct. plur.* Voy. E. *purpurascens, luteolum.*
E. acerinum, Hook. (D.C., G1., *ex parte*). Voy. E. *pseudoplatani*, Schm.
E. acerinum, Schl., Fries, *ex parte.* Voyez E. *luteolum*, Kunze.
E. *achradeum*, Fée (pag. 28).
E. agariciforme, Grev. Voy. E. *purpurascens.*
E. *alneum*, Pers. (pag. 53).
E. alneum, Nées. Voy. E. *alnigenum*, Kunze.
E. alneum (*phyllerium*), Schl. Voy. E. *alnigenum*, Kunze.
E. alni incanæ, Pers., Voy. E. *alnigenum*, Kunze.
E. *alnigenum*, Kunze (pag. 40).
E. *amygdalinum*, Duby (p. 53).
E. articulatum, D. C. *Monilia articulata.*
E. asclepiadeum, Funk; Opiz, *sub phyllerio.* Voy. Cronartium *asclepiadeum.*
E. *atriplicinum*, Nest. *in Herb. Willd.* (pag. 59)
E. *aucupariæ*, Kunze (pag. 41).

E. aureum, Schum. Voy. E. *populinum*, Funk.
E. *betulæ rubræ*, Fée (pag. 47).
E. *axillare*, Fée (pag. 33).
E. betulæ, D. C. Voy. E. *betulinum*, Schum., Kunze.
E. *betulinum*, Schum. (pag. 54).
E. bifrons, Lepell. (pag. 41).
E. *bignoniaceum*, F. (pag. 30).
E. *blakeæ*, Fée (pag. 49).
E. *bucidæ*, Kunze (pag. 49).
E. *calabæ*, Kunze (pag. 41).
E. *celastrinum*, Schl. (pag. 31).
E. *chrysophylli*, Schl., *sub phyllerio* (pag. 39).
E. *cinchonæ*, Schl. (pag. 46).
E. clandestinum, F., Grev. Voy. E. *oxyacanthæ.*
E. *coccolobæ*, Fée (pag. 50).
E. *coryleum*, Pers. (pag. 33).
E. *croceum*, Fée (pag. 44).
E. *cucurbitæ*, Brig., *an Mucoris spec.* (pag. 59).
E. curtum, Grev. Voy. E. *platanoideum*, Fries, Kunze.
E. *dombeyæ*, Schl., *sub phyllerio* (pag. 46).
E. dryinum, Schl., *sub phyllerio.* Voy. E. *ilicinum*, D. C.
E. *effusum*, Kunze (pag. 48).
E. *ecastophylli*, Fée (pag. 50).
E. *extensum*, Ach. (pag. 50).
E. *fagineum*, Pers. (pag. 54).
E. *gei*, Fries, *sub phyllerio* (p.59).
E. *genipæ*, Fée (pag 46).
E. *geranii*, Schw. (pag. 59).
E. *grewianum*, Fée (pag. 29).
E. *guazumæ*, Fée (pag. 39).

E. *hemisphœricum*, Opiz, *sub phyllerio*. (*Mihi ignotum.*)
E. *hydropiperinum*, Schw. (p.59).
E. *ilicinum*, D. C. (p. 55).
E. *inclusum*, Kunze (p. 30).
E. *incrustans*, Schlecht. (p. 40).
E. *intercostale*, Weig. (p. 60).
E. *juglandinum*, Pers., Fries, *sub phyllerio* (p. 34).
E. juglandis, Schl., D. C. Voy. *E. juglandinum*, Pers.
E. lacteum, Fries. Voy. *E. fagineum*, Pers., var. *a*.
E. *lanugo*, Schl. (p. 34).
E. *luteolum*, Kunze (p. 56).
E. *mahalebense*, Fée (p. 35).
E. malinum, D. C. Voy. *E. pyrinum*, Pers.
E. *marginale*, Schl. (p. 35).
E. *melanoleucum*, Schl. (p.31).
E. *menthœ*, Req. (p. 60).
E. *melastomatis*, Kunze (p. 46).
E. *mespilinum*, D. C. (p. 35).
E. minutissimum, Grev. Voy. *T. grisea*, Pers.
E. *mougeotianum*, Fée (p. 29).
E. *mygindœ*, Fée. (p. 51).
E. negundinum, Fries. Voy. *E. luteolum*.
E. *nervale*, Kunze (p. 42).
E. *nervisequum*, Kunze (p. 49).
E. *oxyacanthœ*, Pers. (pag. 56).
E. *padinum*, Duv. et Reb. (p. 57).
E. padineum, Fries. Voy. *E. padinum*, Duv.
E. pallidum, D. C. Voy. *E. fagineum*, Pers., var. *b*.
E. *pampineum*, Brig. (p. 60).
E. *passiflorœ luteœ*, Schw. (p.60).
E. *petroselini*, Lenorm. (p. 60).
E. *platanoidis*, Pers. Voy. *E. acerinum*, Pers.
E. *platanoideum*, Fries (p. 57).
E. *Poitei*, Fée (p. 32).
E. populinum, Schum., Funk. Voy. *Taphria aurea*, Pers.

E. populinum, Pers. Voy. *Cr. populinum*.
E. *poterii*, Req. (p. 60).
E. *pseudo-platani*, Kunze, Schm., *sub phyllerio* (p. 36).
E. *pulchellum*, Schl. (p. 42).
E. *purpurascens*, Gært. (p. 58).
E. purpureum, D. C. Voy. *E. fagineum*, Pers., var. *a*.
E. purpureum, Fries. Voy. *E. roseum*, Schultz.
E. *pyracanthœ*, D. C. (p. 58).
E. *pyrinum*, Pers., *Syn.* (p. 42).
E. *quercinum*, Pers. (p. 51).
E. *quercinum*, Schw. (p. 60).
E. *quercus cinereœ* (p. 31).
E. *quercus tinctoriœ*, Fée (p. 31).
E. *quernum*, Schl. (p. 60).
E. *rhamni*, Pers. (p. 36).
E. *ribium*, Schl. (p. 60).
E. *roseum*, Schultz (p. 48).
E. roseum, Pers. Voy. *E. tiliaceum*, Pers., var.
E. *rubi*, Pers., Fries, *sub phyllerio* (p. 43).
E. *saccatum*, Fée (p. 40).
E. *salvianum*, Fée (p. 47).
E. sanguineum, Chaill. Voy. *E. fagineum*, Pers., var. *a*.
E. semidophilum (*phyllerium*), Schl. Voy. *E. purpureum*, D. C.
E. *semi-vestitum*, Fée (p. 32).
E. *sepultum*, Kunze (p. 52).
E. *sinucola* Fée (p. 36).
E. sorbeum, Fr. V. *E. aucupariœ*.
E. *sorbeum*, Pers. (p. 43).
E. sorbeum, Fries, *non* Pers. Voy. *E. aucupariœ*, Kunze.
E. sorbi, Funk, Kunze. Voy. *E. sorbeum*, Fries.
E. sphendamnium (*phyllerium*), Schl., *ex parte*. Voy. *E. acerinum* et *E. pseudo-platani*.
E. *suberinum*, Fée (p. 37).
E. subulatum, Grev. Voy. *E. juglandinum*, Pers.

E. sulcatum , Grev. Voy. *E. ju-glandinum*, Pers.

E. *synotrichum*, Fée (p. 33).

E. *tabacinum*, Fée (p. 51).

E. *tiliaceum*, Pers. (p. 45).

E. tiliaceum, Schl. Voy. *E. lu-teolum*, Fries et Kunze.

E. tiliaceum (*phyllerium*), var., Schl. Voy. *E. nervale*, Schm. et Kunze.

E. tiliæ albæ, Pers. Voy. *E. ti-liaceum*, Schl., var. *b*.

E. *torminalis*, Fée (p. 37).

E. *tortuosum*, Grev. (p. 44).

E. tuberculatum, Schl. Voy *C. tuberculatum*.

E. *violaceum*, Schl. (p. 51).

E. viteum (*phyllerium*), Fries. Voy. *E. vitis*.

E. *vitis*, D. C. (p. 58).

MUCOR, Bull.

M. ferrugineus, Bull., *ex parte*. Voy. *E. alneum*, Pers.

NEVRIDIUM, Spreng.

N. melastomatis, Spreng., *mss.* Voy. *E. melastomatis*, Kunze.

RUBIGO, Link.

R. acerina, Mart. Voy. *E. pur-purascens*, Gærtn.

R. alnea, Link, Nées. Voy. *E. alneum*, Pers.

R. betulina, Link. Voy. *E. betu-linum*, Schum.

R. faginea, Link, Nées. Voy. *E. fagineum*, Pers.

R. padi, Mart. Voy. *E. padi-num*, Rebenst. et Duv.

R. populina, Mart. Voy. *E. po-pulinum*, Pers.

R. rosea, Link. Voy. *E. roseum*.

SPORIDERMIUM, Spreng.

Sp. avicenniæ, Spreng., *mss.* Voy. *T. pallida*, Kunze.

Sp. calabæ, Spreng., *mss.* Voy. *E. calabæ*, Kunze.

TAPHRIA, Fries.

T. alnea, Schm., *mss.* Voy. *E. badium*, Kunze.

T. *aurea*, Fries (p. 62).

T. *grisea*, Pers. (p. 63).

T. *badia*, Kunze (p. 63).

T. *cassiæ*, Pers. (p. 63).

T. *hyperici*, Pers. (p. 63).

T. *leprosa*, Pers. (p. 63).

T. *pallida*, Kunze (p. 63).

T. populina, Fries, Schl. Voy. *T. aurea*, Pers.

T. quercina, Schm., *mss.* Voy. *T. grisea*. Pers.

EXPLICATION DES PLANCHES.

———

Pl. I.ʳᵉ 1. *Erineum tiliaceum*, Pers. : *a*, filamens grossis; *b*, larve pleine d'œufs; *c*, larve à l'état le plus ordinaire; *d*, larves non encore développées; *e*, œufs.

2. *E. juglandinum*, Pers. : *a*, filamens grossis; *b*, aphis qui vit près de cet *erineum; c c*, larves à l'état de dessiccation.

3. *E. bignoniaceum*, F. : *a*, filamens grossis; *b*, larves.

4. *E. quercus tinctoriæ*, F. : *a*, larves à l'état de dessiccation.

5. *E. axillare*, F. : *a*, filamens grossis.

Pl. II. 1. *E. synotrichum*, F. : *a*, filamens géminés grossis. Les filamens de l'*E. rubeum* ont le même aspect.

2. *E. saccatum*, F. : *a a*, filamens grossis.

3. *E. vitis*, D. C. : *a*, filamens grossis; le dessin leur a laissé trop de roideur et donné trop de régularité; *b b b*, divers états de la larve; *c*, poils de la feuille de la vigne grossis.

4. *E. alnigenum*, Kunze : *a*, filamens grossis, entremêlés de larves; *b*, *c*, *d*, *e*, larves grossies sous divers états (ces corps organisés n'ont point d'analogue : sont-ce des larves?); *f*, poils de la feuille grossis.

Pl. III. 1. *E. guazumæ*, F. : *a*, filamens entremêlés de larves non développées.

2. *E. sorbeum*, Fries : *a*, filamens grossis; *b*, larves.

3. *E. oxyacanthæ*, Pers. : *a*, filamens membraneux; *b b*, larves ayant la forme d'une chenille.

4. *E. pyrinum : a*, filamens membraneux; *b*, granules.

5. *E. rhamni*, Pers. : *a*, filamens grossis, montrant dans l'intérieur des corps arrondis assez gros, dont la nature ne nous est pas connue.

Pl. IV. 1. *E. Mougeotianum*, F. : *a*, filamens grossis; *b*, larves.

2. *E. achradeum*, F. : *a*, filamens grossis.

3. *E. sinucola*, F. : *a*, filamens grossis; *b*, larves.

4. *E. suberinum*, F. : *a*, filamens grossis ; *b*, filamens à l'état de vétusté ; *c*, poil rayonnant, appartenant à la feuille et considérablement grossi.

5. *E. croceum*, F. : *a*, filamens grossis.

6. *E. pseudo-platani*, Kunze : *a*, filamens grossis ; *b b*, larves.

Pl. V. 1. *E. fagineum*, Pers. : *a*, utricules grossies.

2. *E. sepultum*, Kunze : *a*, utricules grossies ; *b, c*, larves à l'état de dessiccation.

3. *E. mahalebense*, F. : *a*, filamens grossis.

4. *E. inclusum*, Kunze : *a*, filamens grossis.

5. *E. pyracanthœ*, D. C. : *a*, utricules grossies ; *b b*, larves desséchées.

6. *E. melastomatis*, Spreng. : *a*, filamens grossis ; ils sont toruleux.

7. *E. ilicinum*, D. C. : *a, a, a*, utricules grossies sous divers états ; *b*, poils rayonnans de la feuille, grossis.

8. *E. acerinum*, Pers. : *a*, utricules grossies ; *b*, larves dessinées vivantes ; *c*, larve desséchée ; *d*, aphis qui vit dans le voisinage de l'*erineum* ; *e*, œufs ; *f*, filamens mêlés avec les utricules.

9. *E. coccolobœ*, F. : *a*, utricules ?

Pl. VI. 1. *E. purpurascens*, Gærtn. : *a*, utricules grossies.

2. *E. betulinum*, Reb. : *a, idem ; b*, pulpe qui s'échappe du col des utricules.

3. *E. amygdalinum*, Dub. : *a*, utricules grossies ; *b*, granules ou utricules naissantes. L'*E. padinum*, Duv. , dont cette espèce n'est peut-être qu'une variété, présente les mêmes caractères au microscope.

4. *E. alneum*, Pers. : *a*, utricules grossies ; *b*, utricules lobées, vues sur les feuilles de l'*Alnus viridis*, var. *incisa ; c*, œufs des larves.

5. *E. roseum*, Schultz : *a*, utricules grossies ; *b*, œufs des larves.

6. *E. platanoideum*, Fries : *a*, utricules ; *b*, granules ou utricules naissantes.

7. *E. betulœ rubrœ*, F. : *a*, utricules.

8. *Cronartium vincetoxici*, Fries : *a* filamens grossis, avec leur base renflée ; *b*, filamens naissans ; *c*, fila-

mens considérablement grossis; *d*, coupe horizontale; *e*, coupe verticale.

9. *C. populinum*, Pers. : *a*, tissu; *b*, corps thécimorphe.
10. *Taphria aurea* : *a*, sporules?
11. *T. grisea* : *a*, *b*, corps globuleux (sporules?); *c*, tissu.
12. *T. leprosa* : *a*, filamens; *b*, sporules.
13. *Erineum atriplicinum*, Nest. : *a*, filamens entremêlés
de thèques, pour montrer que c'est une mucédinée.

Pl. VII. 1. *E. tabacinum*, F. : *a*, feuille érinéifère; *b*, utricules
grossies.
2. *E. grewianum*, F. : *a*, filamens grossis.

Pl. VIII. 1. *E. saccatum*, F. : *a*, feuille érinéifère.
2. *E. Poitei*, F. : *a*, feuille érinéifère; *b*, filamens avec
des larves?
3. *E. bignoniaceum*, F. : *a*, feuille érinéifère. (Voyez
pl. I, fig. 3, pour les filamens grossis.)
4. *E. calabæ* : *a*, filamens grossis.

Pl. IX. 1. *E. semi-vestitum*, F. : *a*, feuille érinéifère; *b*, filamens
grossis; *c*, larves non développées.
2. *E. guazumæ*, F. : *a*, feuille érinéifère; *b*, groupe de
granulations grossi.
3. *E. croceum*, F. : *a*, feuille érinéifère; *b*, *tomentum*
de la feuille.
4. *E. salvianum*, F. : *a*, feuille érinéifère; *b*, filamens
grossis : ils sont toruleux.

Pl. X. 1. *E. ecastophylli*, F. : *a*, feuille érinéifère; *b*, utricules
grossies.
2. *E. Blakeæ*, F. : *a*, feuille érinéifère; *b*, utricules grossies; *c*, larve non développée?
3. *E. mygindæ*, F. : *a*, feuille érinéifère; *b b*, utricules.

Pl. XI. 1. *E. genipæ*, F. : *a*, feuille érinéifère; *b*, filamens cloisonnés; *c*, larves non développées; *d*, poils de la
feuille grossis.

NOTA. Les figures sont dessinées avec un grossissement de deux
cents fois en volume.

TABLE

DES MATIÈRES.

FIN.

NOTE

Sur trois espèces nouvelles de Sphæria exotiques.

PAR LE PROFESSEUR FÉE.

Nous avons reçu, il y a déjà plusieurs années, trois espèces de *sphæria* exotiques, que nous regardons comme nouvelles. Ce genre est déjà si nombreux, qu'on ne sait plus s'il est avantageux ou non de l'augmenter encore; ce doute, dans lequel nous sommes depuis long-temps, explique pourquoi nous avons hésité à décrire ces agames, qui tous appartiennent à la section des hypsilostromes, quoique le *stroma* des deux espèces de Saint-Domingue soit simple et que celui de l'espèce brasilienne soit composé.

Voici ce que l'étude de ces *sphæria* nous a présenté de caractéristique et de remarquable.

I. *Espèces de Saint-Domingue.*

1. SPHÆRIA DIVARICATA, F.

Suberosa, bifurcata, rugosissima, atro-rubra, depressa; clavulis divaricatis, acuminatis; peritheciis inæqualibus, remotis, crassis; sporulæ ovoideæ subfuscæ. Habitat in S. Domingo supra lignos vetustos.

Cette espèce a quelque analogie avec le *sphæria digitata*, Pers., et, comme cette hypoxylée, elle appartient à la section des *xylaria* de Schrank et au genre *hypoxylon* de Bulliard; elle en diffère pourtant, parce qu'elle est simplement fourchue et non digitée, que ses rameaux sont atténués en pointe et non en massue, et qu'ils ne sont ni blancs, ni poudreux. Ce *sphæria* nous a été communiqué par M. Poiteau, qui l'a trouvé à Saint-Domingue sur les vieux troncs.

Cette espèce s'élève à la hauteur d'un décimètre environ ; sa consistance est coriace ; elle est raboteuse, d'un brun rougeâtre, un peu comprimée, et se bifurque vers la partie supérieure ; ses bifurcations sont divariquées, atténuées, marquées d'aspérités ou d'éminences dont chacune est une loge qui renferme des sporules ; la base est ligneuse, difforme ; je la crois glabre. Les sporules sont ovoïdes, rassemblés dans un tissu cellulaire alongé ; quoique libres, elles affectent une disposition linéaire.

2. SPHÆRIA VERNICOSA, F.

Suberosa, simplex, fragilis, dura, torulosa, vernicosa, glaberrima, apice subacuta ; peritheciis latissimis, distinctis ; sporulæ ovoideæ.

Habitat in S. Domingo supra arborum truncos emortuos.

Elle est tout-à-fait distincte de la précédente ; les périthèces ne sont pas fort nombreux, mais ils sont si larges que le *stroma* vers le sommet de la plante a disparu, de telle sorte que les périthèces opposés s'appuient l'un sur l'autre par leur base. Les expansions partent d'une base commune ; mais ils sont simples, toruleux, très-durs, comme vernissés, inégaux et d'un brun rouge vineux. Les spores ne diffèrent pas sensiblement de celles qui appartiennent à l'espèce précédente ; elles sont plus nombreuses et plus grandes.

II. *Espèce brasilienne.*

3. SPHÆRIA CEREBRINA, F.

Aggregata, fusco-nigra ; stipitibus basi connatis ; clavulis apice dilatato-congestis confluentibusque ; exterioribus simplicibus, rotundato-depressis ; interioribus abbreviatis, deformibus, angulosis complanatisve ; peritheciis in tota superficie conspersis, papillatis ; papilla crassa, nitida, poro pertusa.

Habitat in Brasilia (Rio-Janeiro) ad truncos emortuos.

Nous avons reçu, il y a quelques années, de M. le comte de Gestas, consul général de France à Rio-Janeiro, cette plante agame fort volumineuse, qu'à la première inspection nous avons facilement reconnue pour une espèce du genre *sphœria*.

Cette production est remarquable par son volume, qui excède la tête d'un enfant, et par sa prodigieuse légèreté[1]. Sa consistance est friable vers la partie extérieure, et fibreuse vers le centre. Elle rappelle par sa couleur et son aspect le *sphœria deusta*, mais avec des proportions gigantesques.

Le *sphœria* du Brésil, auquel nous avons imposé le nom de *Sphœria cerebrina*, vit par groupes serrés. On devine que les parties qui le composent ont été distinctes, au moins vers le sommet; car elles sont anguleuses, cunéiformes, aplaties, quadrangulaires, etc. Les unes traversent toute la masse; les autres n'en pénètrent que le tiers ou le quart de sa longueur totale. Tout fait penser que la plante, dans sa jeunesse, avait une consistance molle et flexible, et que l'accroissement en est fort rapide. On peut, avec quelque précaution, détacher complétement les *sphœria*, et l'on s'assure que la gibbosité de l'un détermine une concavité chez l'autre. La partie supérieure de ce *sphœria* général est formée par le sommet des *sphœria* partiels et pour la plupart soudés. Cette masse imite avec assez d'exactitude les sinus du cerveau; circonstance qui rend compte du nom spécifique que nous proposons.

Ce *sphœria* est formé de deux parties distinctes: d'un *stroma* et d'une couche continue de périthèces. Le *stroma* est fibreux, un peu subéroïde, et semble révéler une origine byssoïde. Les fibres de ce support sont rayonnantes ou divergeantes, et leur ensemble

---

1 La masse de ce *sphœria*, telle que nous l'avons reçue du Brésil, ne pesait que 12 grammes.

a de l'analogie avec la chair des grands champignons; mais leur texture est beaucoup moins serrée. La couche périthécienne a une épaisseur de deux millimètres environ; elle est continue et enveloppe toute la plante, ainsi que les parties agglomérées, privées du contact de l'air extérieur et cachées au centre de la masse du *sphæria*. Les périthèces ont une grande analogie avec les apothèces des *pyrenula*; ils sont surmontés d'un mamelon assez gros, luisant, plus noir au sommet qu'à la base et percé d'un spore. Des thèques mastoïdes y sont renfermées en grand nombre.

Si l'on fait une coupe verticale, on voit d'abord la couche de périthèces extérieurement situés et comme enchâssés dans le *stroma*. Si l'on déchire cet organe accessoire, on a une déchirure brillante d'un brun marron bien moins foncé que l'enveloppe périthécienne.

Persoon, auquel nous avons montré cette curieuse production, pense qu'elle doit constituer un genre nouveau; tel n'est pas notre avis : jusqu'à plus amples renseignemens, on doit lui donner une place dans le genre *sphæria* et la ranger dans la section des *hypsilostromes*, à côté des *sphæria globosa*, Spreng., et *concentrica*, Pers.

ICONIS EXPLICATIO.

1. SPHÆRIA DIVARICATA, F. : *a, magnitudine naturali; b, pars secta ad demonstrandum stroma ; c, sporulæ.*
2. S. VERNICOSA, F. : *a, magnitudine naturali.*
3. S. CEREBRINA : *a, magnitudine naturali (fragmentum); b, apice denudato ad demonstranda stroma et perithecia aggregata, crustam efformantia; c, stroma transverse lacerum; d, sporulæ.*

Pl.1.

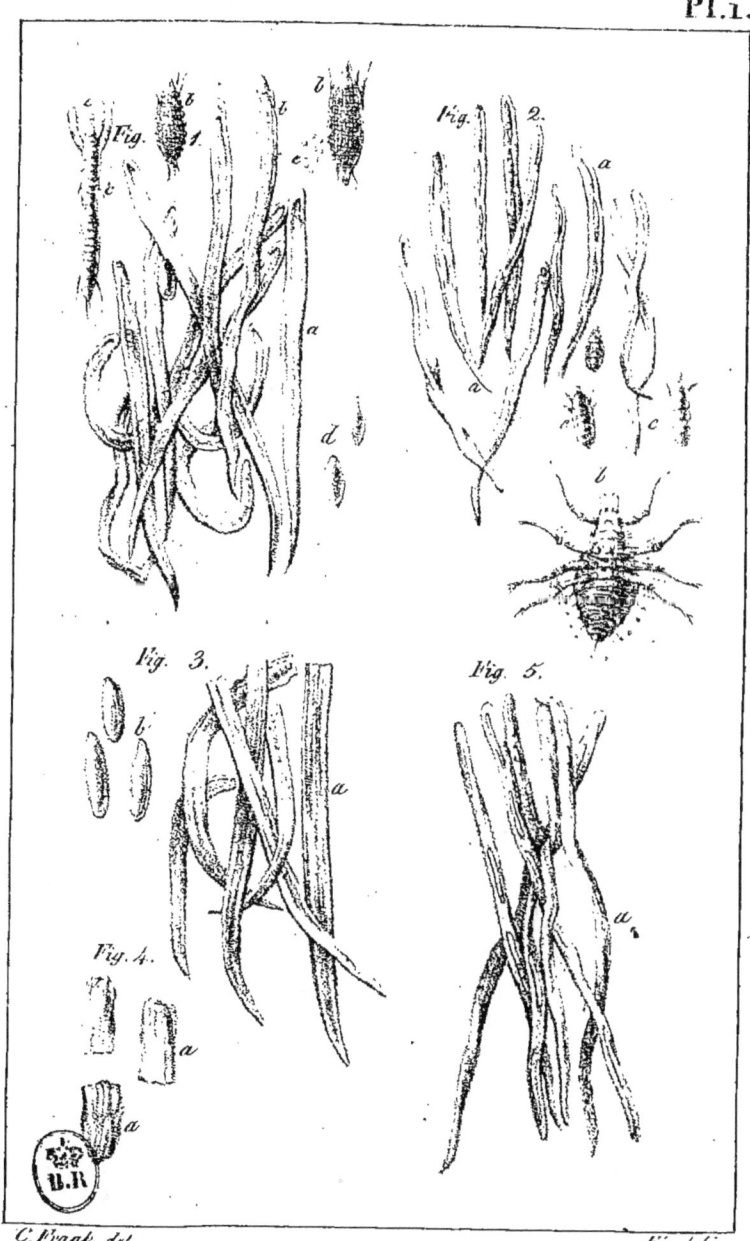

Fig. 1. Fig. 2. Fig. 3. Fig. 5. Fig. 4.

C. Frank del.

Vic delin.

Pl. II.

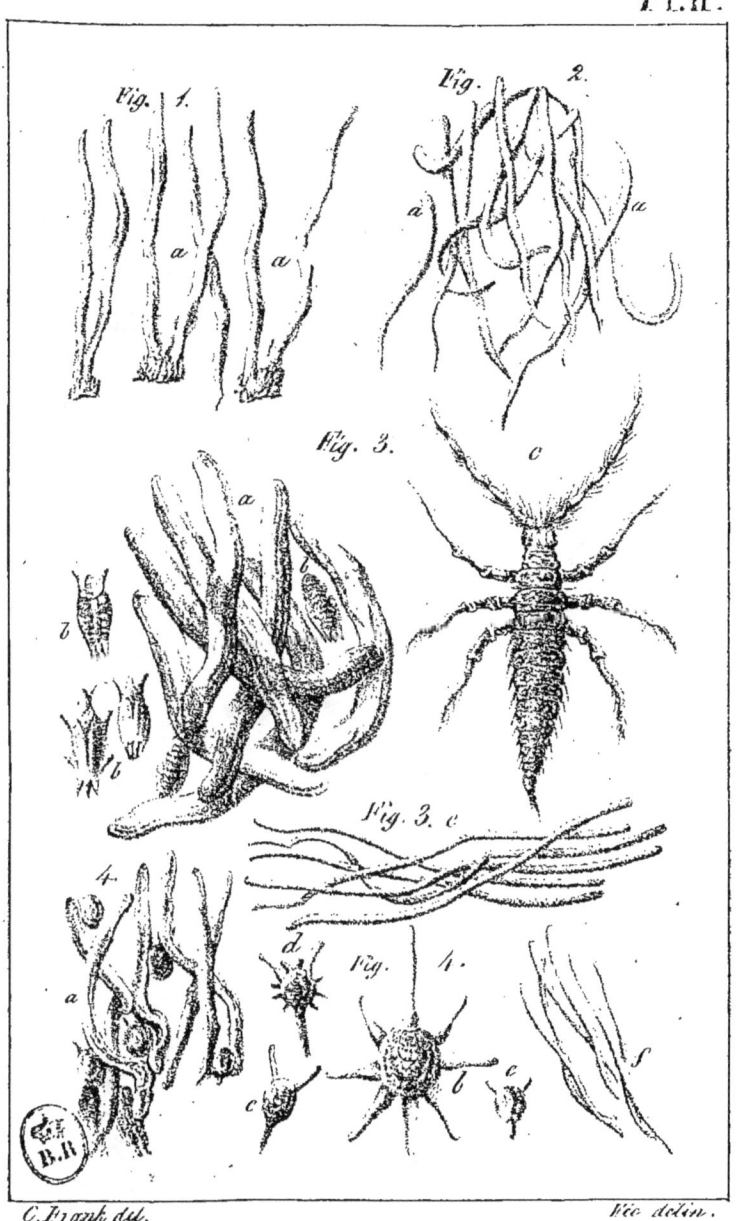

Fig. 1.

Fig. 2.

Fig. 3.

Fig. 3. c.

Fig. 4.

C. Frank del.

Vic delin.

Pl. III.

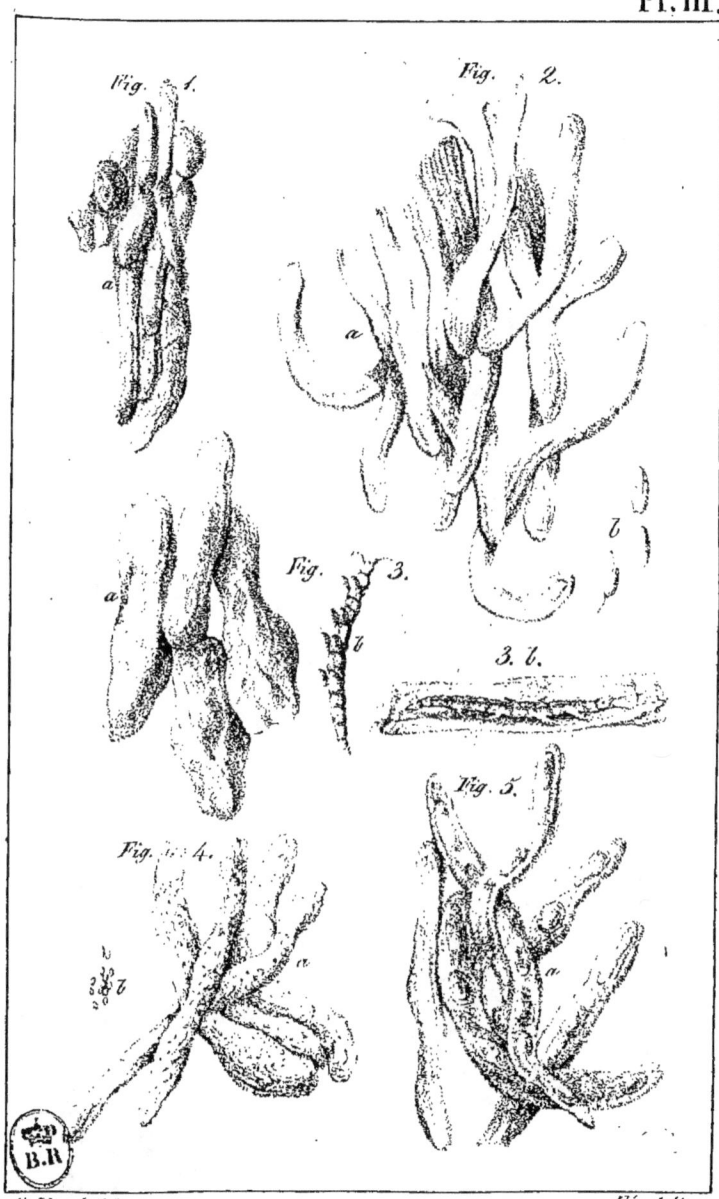

Fig. 1.

Fig. 2.

Fig. 3.

3. b.

Fig. 4.

Fig. 5.

C. Piauk del.

Fée delin.

Pl. IV.

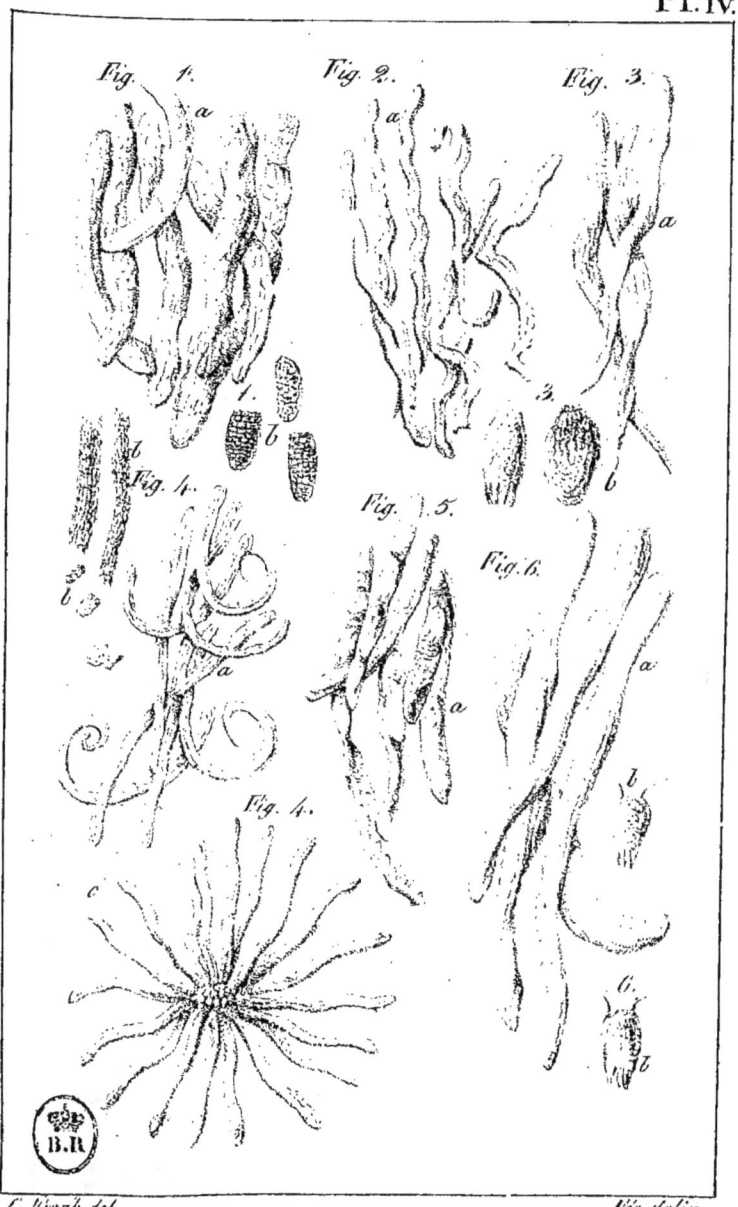

Fig. 1. Fig. 2. Fig. 3. Fig. 4. Fig. 5. Fig. 6.

C. Frank del. Fée delin.

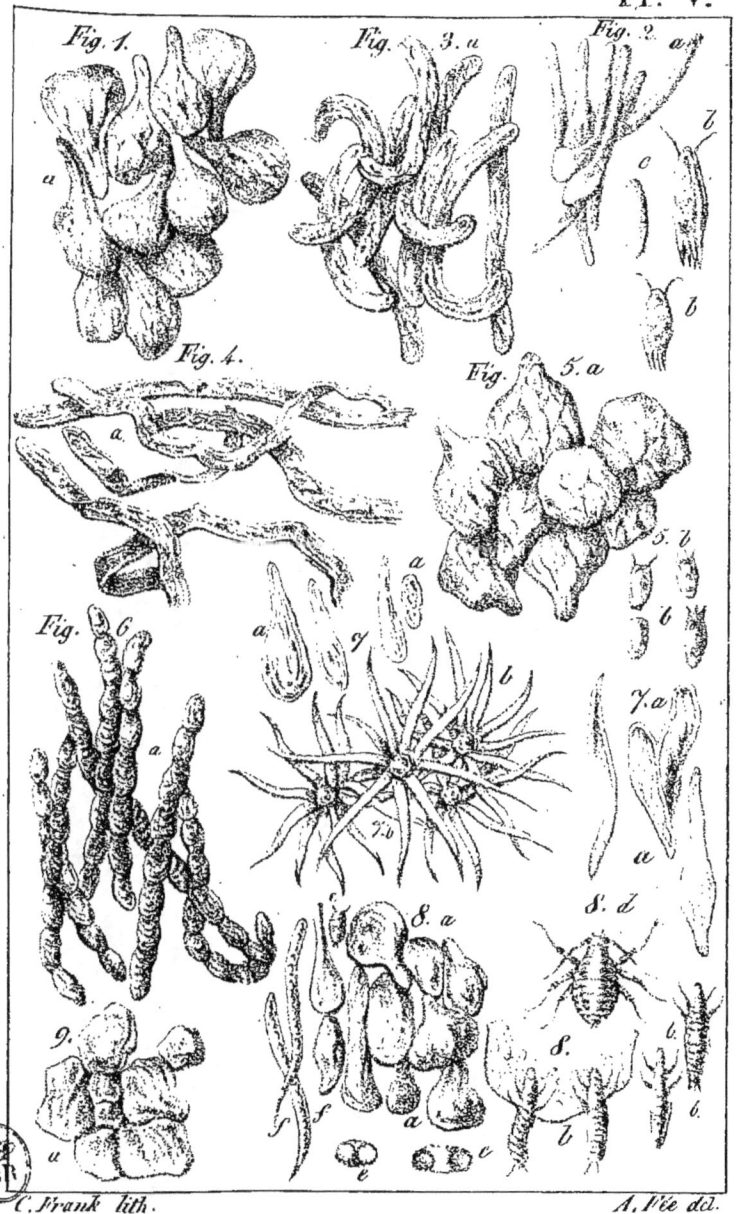

Pl. V.

Fig. 1. Fig. 3. a Fig. 2. a

Fig. 4. Fig. 5. a

Fig. 6.

C. Frank lith. A. Fée dd.

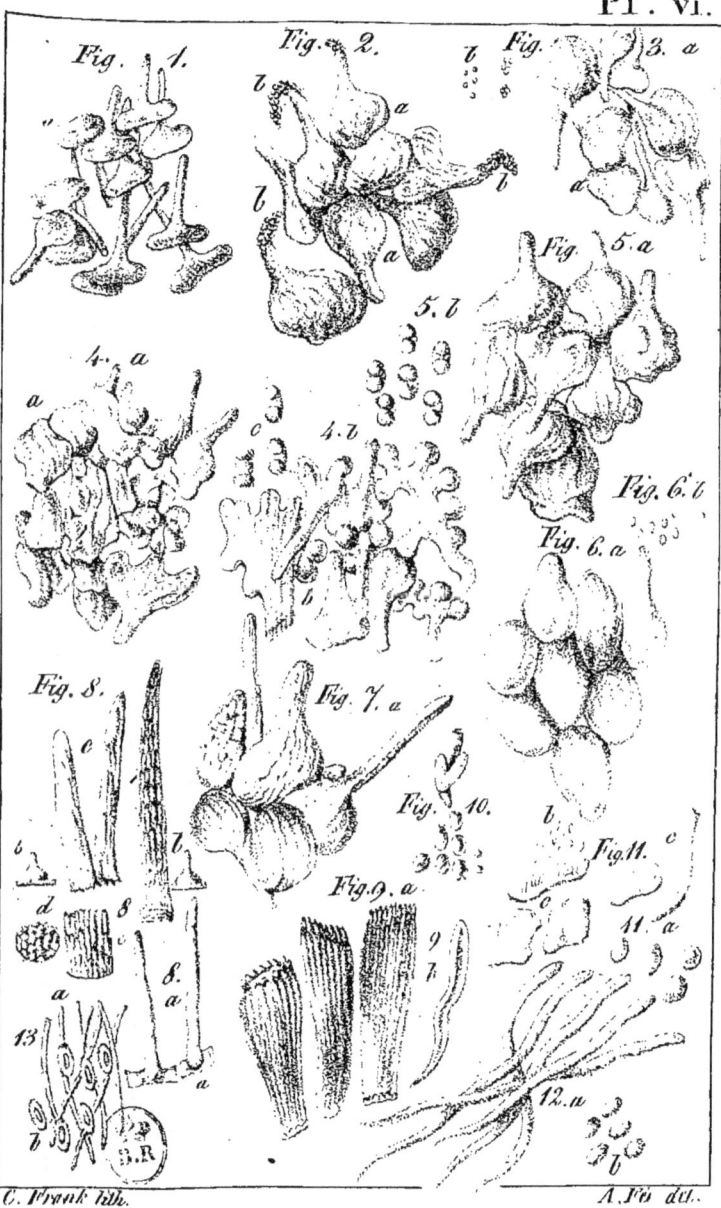

Pl. VI.

Pl. VII.

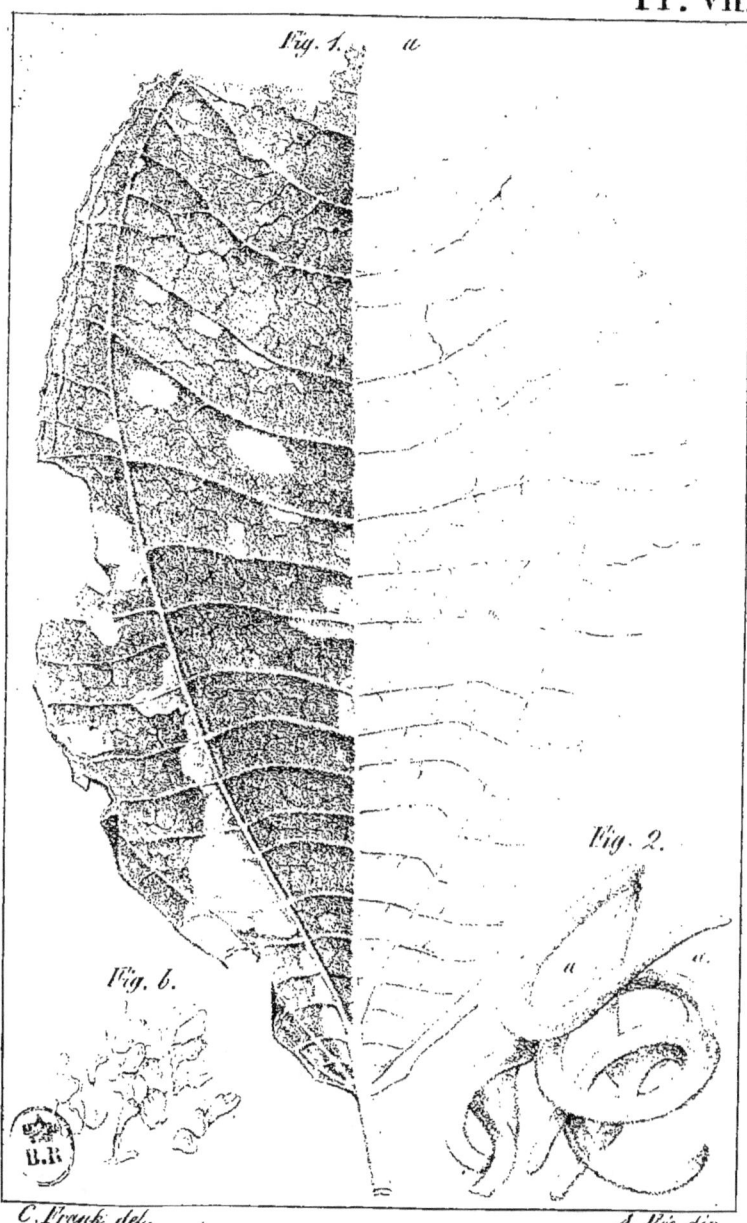

Fig. 1. a

Fig. 2.

Fig. b.

C. Frank del.

A. Vie dir.

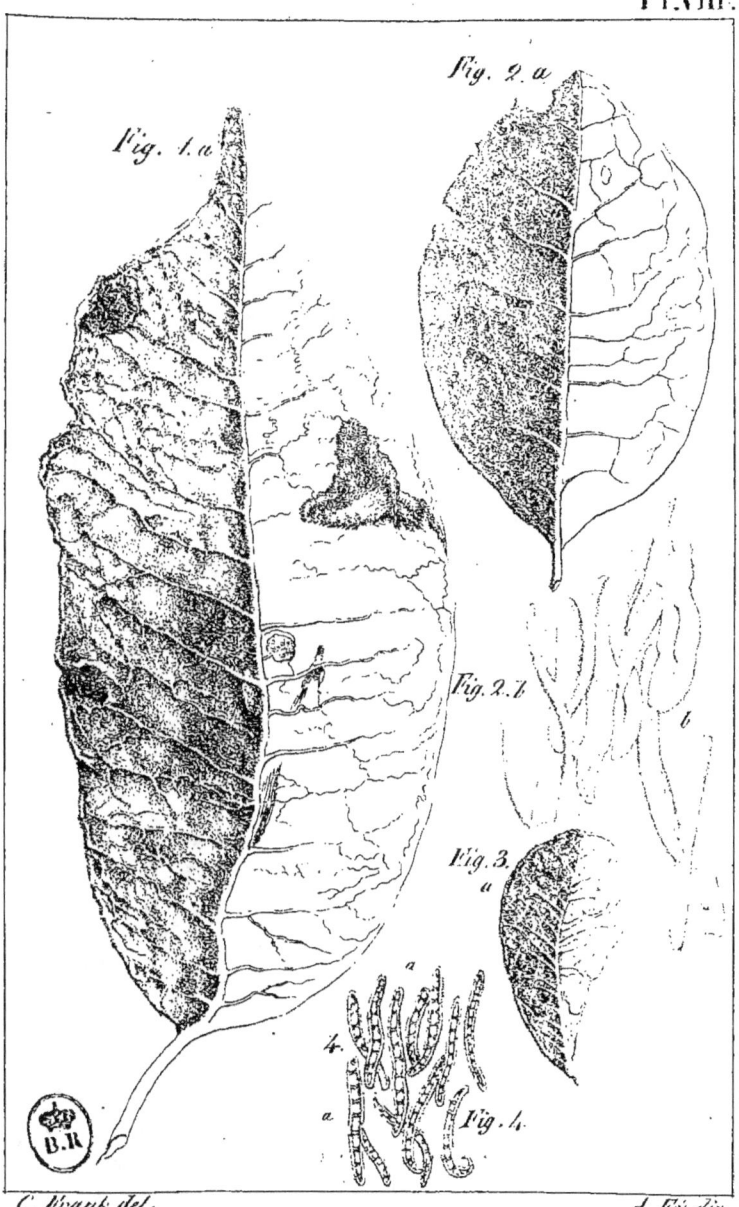

Pl. VIII.

Fig. 1. a

Fig. 2. a

Fig. 2. b

b

Fig. 3.
a

a

4.

a

Fig. 4.

B.R

C. Frank del.

A. Föi dir.

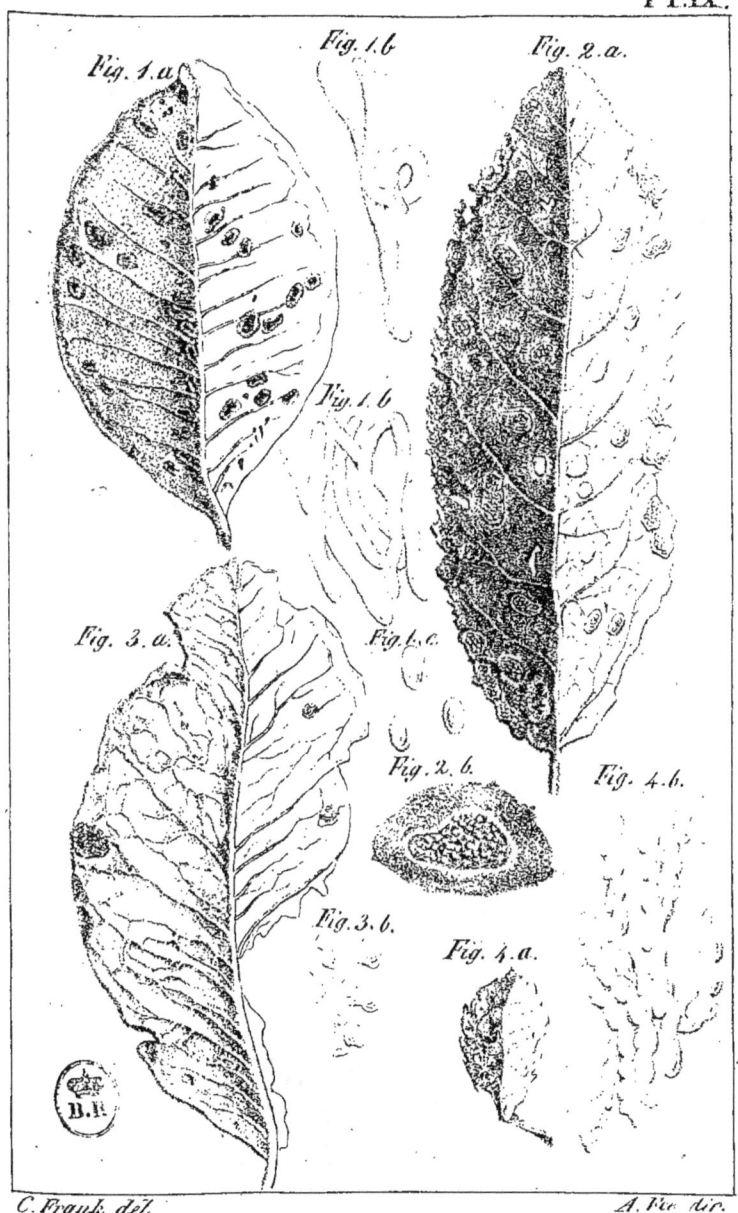

Fig. 1. a.   Fig. 1. b.   Fig. 2. a.

Fig. 1. b.

Fig. 3. a.   Fig. 1. c.

Fig. 2. b.   Fig. 4. b.

Fig. 3. b.   Fig. 4. a.

C. Frank del.   A. Rie dir.

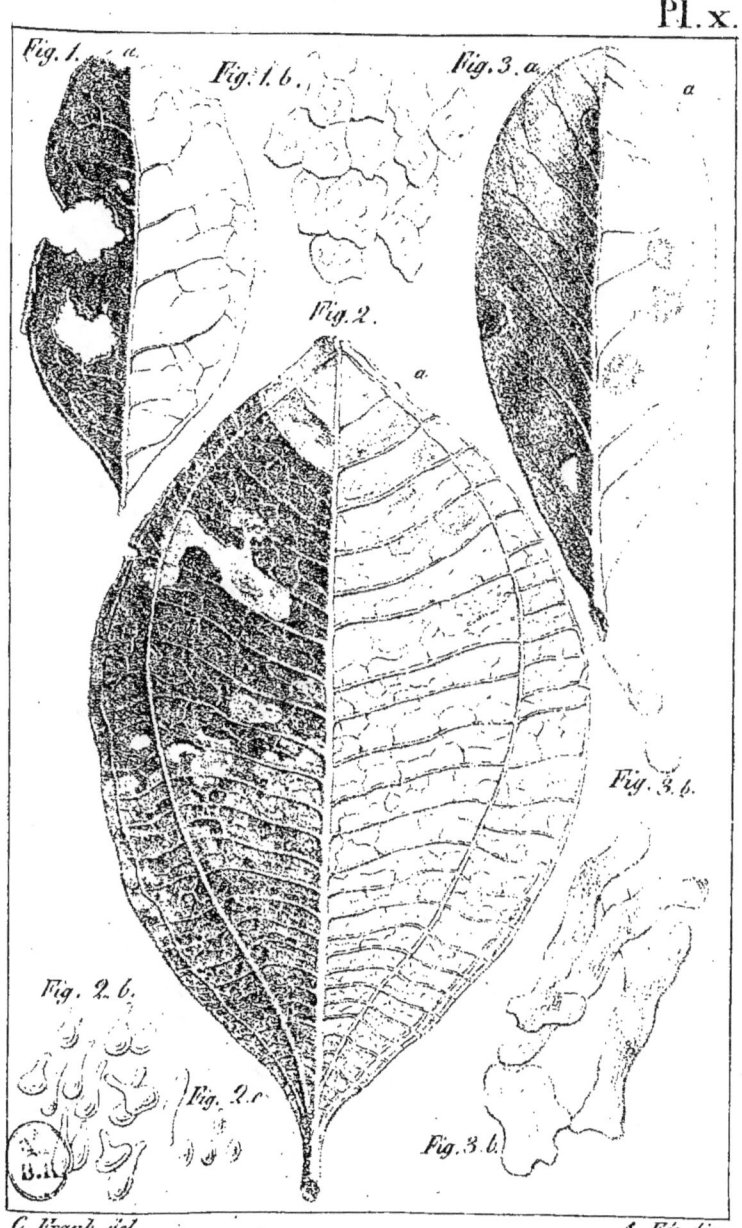

Pl. x.

Fig. 1. a.   Fig. 1. b.   Fig. 3. a.

a.

Fig. 2.

a.

Fig. 3. b.

Fig. 2. b.

Fig. 2. c.

B.R.

Fig. 3. b.

C. Frank del.   A. Fée dir.

Pl. XI.

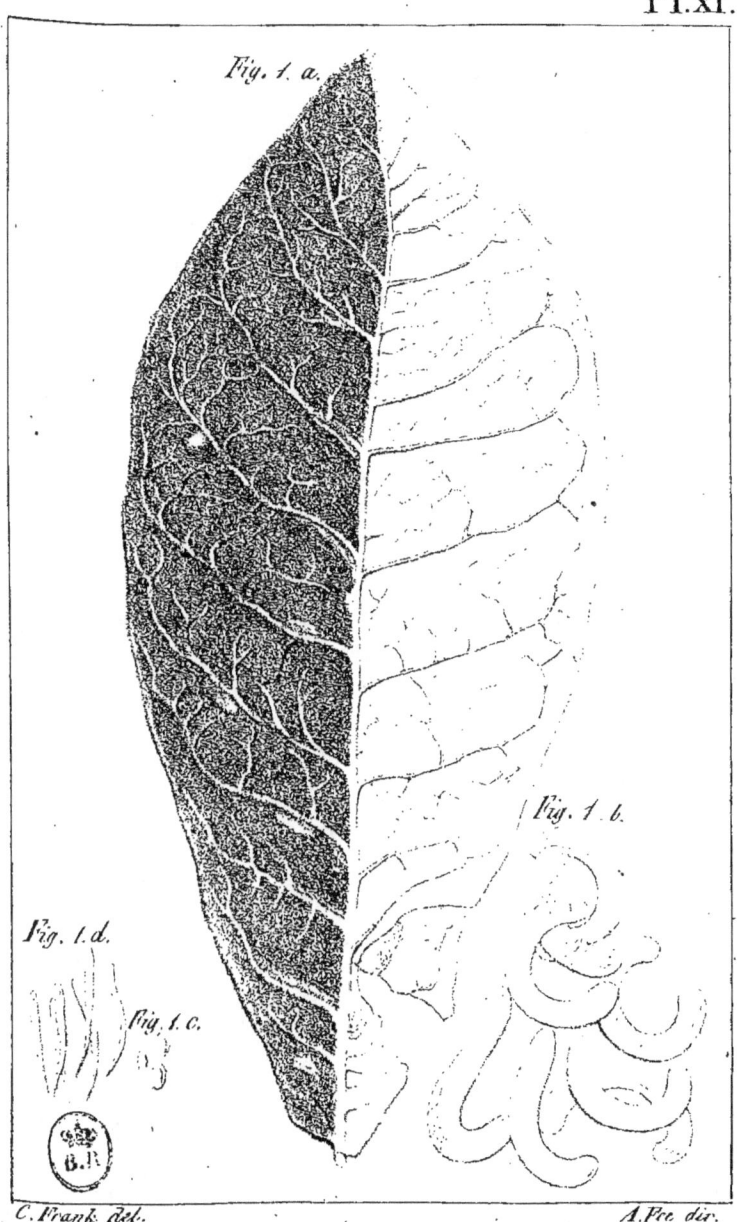

Fig. 1. a.

Fig. 1. b.

Fig. 1. d.

Fig. 1. c.

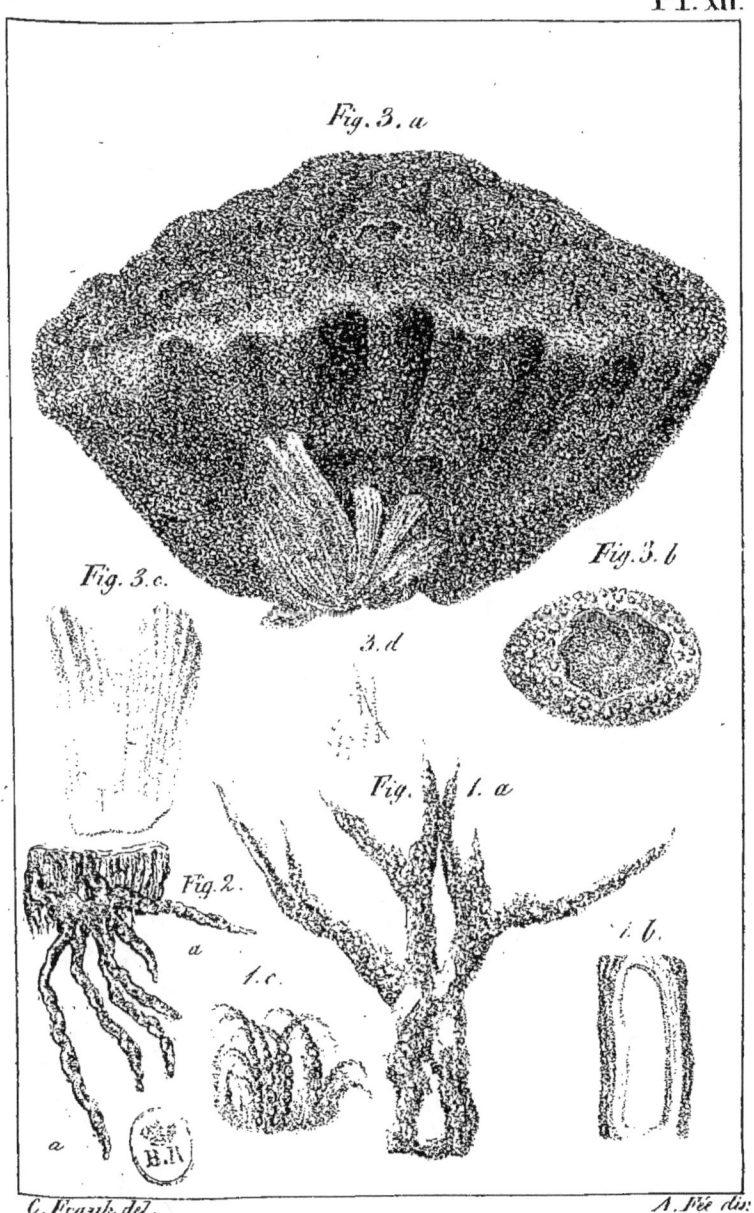

Fig. 3. a

Fig. 3. c.

Fig. 3. b

3. d

Fig. 1. a

Fig. 2.

a

1. c.

i. b.

a

B.R.

C. Frank del.

A. Fée dir.

www.ingramcontent.com/pod-product-compliance
Lightning Source LLC
Chambersburg PA
CBHW051929280626
47162CB00025B/2189